小小博士系列读物

人类科学史上等待回答的未解之谜

科学家也许是错的

主　　编/李　敏
执　　笔/姜易晨　林原平
　　　　　高丽华　刘　伟
科学顾问/成与珊
资料提供/徐一鸣　李　鹏

目 录

第一辑 宇宙之谜

第二辑 太阳系之谜

目　录

第三辑　地球之谜

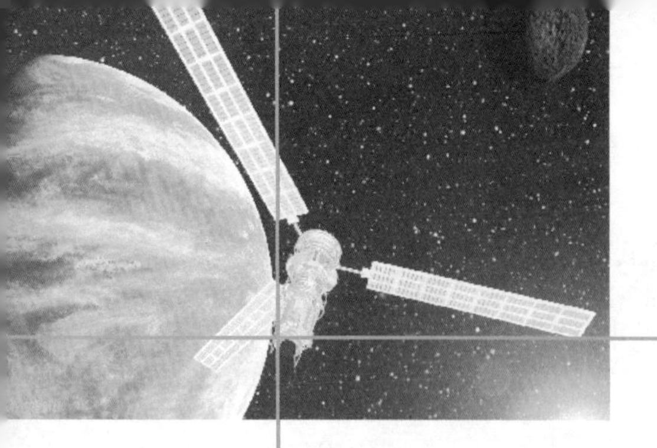

目 录

夜晚，翘首仰望茫茫星空，凡是掌握了一些天文知识的人，都会自然而然地提出这样一个问题：宇宙是有限的还是无限的呢？换成通俗的说法就是，宇宙有没有尽头呢？

宇宙有尽头吗？

这是一个非常难于回答的问题。如果说宇宙是有尽头的，那么宇宙中就应该有无限多个恒星，无论你朝天空中哪个方向望去，都应该能看到无限多的恒星。尽管每一颗恒星的光都很微弱，但无限多的恒星的光芒汇合起来，就会无限的亮，把天空照得一片通明，地球上就应该永远不会有黑夜。

如果说宇宙是有尽头的，那么它的外面是什么呢？其实，这样提问题本身就很荒唐。既然你问宇宙外边是什么，就等于你承认了宇宙有边界，否则怎么会有“外面”呢？

尽管这个问题回答起来十分困难，但因为它是物理学研究领域中一个极其重要的宇宙学问题，所以历代科学家都在积极地加以探索，力争对此做出合理的解释来。

在伽利略和牛顿以前，人们普遍相信亚里士多德的观点，认为宇宙是一个有限的结构，宇宙的最外层是由恒星天组成的，因此恒星天就是宇宙的边界，在它之外，就没有空间了。

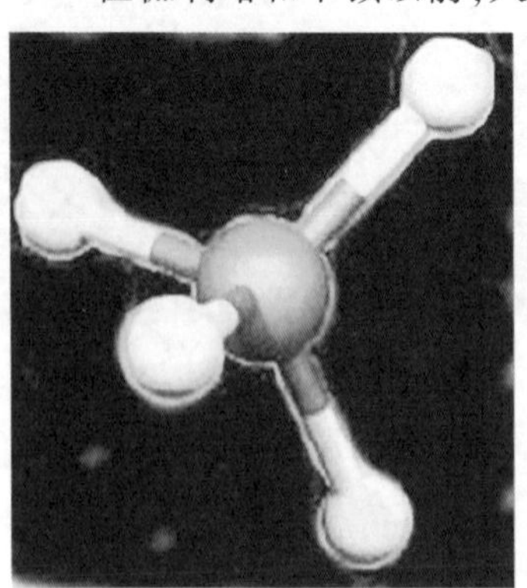

到了牛顿时代，人们开始接受无限无边的观点，即认为宇宙的体积是无限的，没有空间边界。宇宙空间是一个三维无限的欧几里得多向空间，即在上下、左右、前后这六个方向上，都可以一直走下去，以至延伸到无穷远。

进入20世纪后，爱因斯坦提出了“广义相对论”，他认为不应该先验地假定宇宙空间必定是三维无限的欧

几里德空间，因为宇宙的空间结构并不是与宇宙间的物质运动无关。爱因斯坦给出的宇宙模型既不是亚里士多德的有限有边体系，也不是牛顿的无限无边体系，而是一个有限无边的体系。所谓有限，指的是空间体积有限；所谓无边，指的是这个三维空间并不是一个更大的三维空间中的一部分，它已经包括了全部空间。

我们可以这样来理解爱因斯坦提出的这个有限无边的世界：假如有一只小蚂蚁在一只大球上爬行，这个球本身是有限的，但球面根本没有边界，对于蚂蚁来说又是无限的。我们人类和这只蚂蚁一样，就生活在这样一个有限而无边的宇宙中。

1922年，俄国物理学家和数学家亚历山大·弗里德曼提出了一个新的宇宙模型。这是一个膨胀的或脉动的宇宙模型。按照弗里德曼的假设，宇宙的空间尺度一直在随着时间而不断增大，也就是说，宇宙正在不断膨胀。既然宇宙处在不断膨胀的运动之中，那么它的边界每时每刻都应该有具体的位置。从这个意义上说，宇宙应该是有限的。然而，宇宙的边界又在不断地向外扩张，科学家还无法推算出它最终将膨胀到什么程度，会不会永远膨胀下去。从这个意义上说，宇宙又是无限的。

爱因斯坦在得知弗里德曼提出的这个膨胀或脉动的宇宙模型后，十分兴奋。他认为自己的模型不好，应该放弃，弗里德曼的模型才是正确的宇宙模型。

说到这里，我们不能不这样认为，宇宙中存在着千千万万个谜，而宇宙本身就是一个最大的谜。

科学已揭之秘

『宇宙』释意

在汉语中，『宇』代表上下四方，即所有的空间；『宙』代表古往今来，即所有的时间，所以『宇宙』这个词有『所有的时间和空间』的意思。在西方，宇宙这个词在英语中叫 cosmos、universe、space，在俄语中叫 космос，在德语中叫 kosmos，在法语中叫 cosmos。它们都源自希腊语的 κοσμος，古希腊人认为宇宙是从混沌中产生出秩序来，κοσμος 的原意就是『秩序』。在英语中经常用来表示『宇宙』的词是 universe。这个词与 universitas 有关。在中世纪，人们把沿着同一方向朝同一目标共同行动的一群人称为 universitas。在最广泛的意义上 universitas 又指一切现成的东西所构成的统一整体，那就是 universe，即宇宙。universe 和 cosmos 常常表示相同的意义，所不同的是，前者强调的是物质现象的总和，而后者则强调整体宇宙的结构或构造。

宇宙真的起源于一次大爆炸吗?

弗里德曼提出的宇宙模型虽然得到了爱因斯坦的肯定，在当时却未引起学术界的注意。1925 年,这位天才的科学家因患伤寒去世,年仅 37 岁。

1927 年,比利时天文学家勒梅特在弗里德曼的假设的基础上,又进一步猜测,在若干亿年前,宇宙的物质都集中在一个地方,形成了一种他称之为原始原子的结构,有人把它形象地称为“宇宙蛋”。在某一时刻,这个“宇宙蛋”爆炸开来,就创造出了我们现在所说的宇宙。

1946 年,美籍俄国物理学家伽莫夫结合勒梅特的理论,提出了宇宙大爆炸学说。按照大爆炸理论的主要观点,宇宙曾有一段从热到冷、从密到稀的演化史,这个过程就如同一次规模巨大的爆发。

大爆炸理论把宇宙的演化过程分成三个阶段:

第一阶段为极早期。在这个时期,整个宇宙处于极高温高密度状态,温度高达 100 亿℃以上,光辐射极强。宇宙间只有中子、质子、电子、光子和中微子等一些基本粒子形态的物质。宇宙处在这个阶段的时间非常短暂,短到可以用秒来计算。

第二阶段为中间期。由于整个宇宙体系在不断膨胀,温度很快开始下降。当温度降到 10 亿℃左右时,中子开始失去自由存在的条件,它要么发生衰变,要么与质子结合成重氢、氦等元素,元素就是从这个时候开始形成的。当温度进一步下降到 100 万℃

后，早期形成元素的过程就结束了。宇宙间的物质主要是质子、电子、光子和一些比较轻的原子核，光辐射依然很强。这一阶段的持续时间比上一阶段长，有数千年的历史。

第三阶段为稳定期。当温度继续下降到几千摄氏度时，辐射开始减退，宇宙间的主要物质是气态物质，它们逐渐凝聚成气云，再进一步形成各种各样的恒星体系，这就成了人们今天所看到的星空世界。这一阶段大约有200亿年的历史，人类现在仍然生活在这个时期里。

大爆炸理论刚刚提出来的时候，不但没有受到科学界的赏识，反而不断遭到批评和质疑。不过，大量的天文观测事实有力地支持了这一观点。比如，大爆炸理论认为，所有的恒星都是在温度下降后产生的，因而任何天体的年龄都应该小于200亿年。通过天文观测和科学计算，确实没有发现超过200亿年的天体。再比如，各种不同天体上氦的含量都相当大，一般都是30%。用恒星核反应机制不足以说明为什么有如此多的氦，而根据大爆炸理论，宇宙早期温度很高，产生氦的效率也很高。

有了这些观测事实的支持，大爆炸理论便在诸多宇宙起源学说中独占鳌头，获得了“明星”的桂冠，成为最有影响的一种假说。然而，大爆炸理论还存在着一些至今未能解决的问题，比如，天文观测的数据证实，我们这个宇宙极为均匀，极度各向同性分布，这是大爆炸理论无法解释的。

自从伽莫夫提出了宇宙大爆炸学说后，经过几十年的努力，宇宙学家们为我们勾画出了一部宇宙的形成历史。

大爆炸开始时：约137亿年前，体积极小，密度极高，温度极高。大爆炸后10~43秒：宇宙从量子背景出现。大爆炸后10~35秒：同一场分解为强力、电弱力和引力。大爆炸后5~10秒：10万亿℃，质子和中子形成。大爆炸后0.01秒：1000亿℃，以光子、电子、中微子为主，质子中子仅占10亿分之一，热平衡态，体系急剧膨胀，温度和密度不断下降。大爆炸后0.1秒：300亿℃，中子质子比从1.0下降到0.61。大爆炸后1秒：100亿℃，中微子向外逃逸，正负电子湮没反应出现，核力尚不足束缚中子和质子。大爆炸后13.8秒：30亿℃，氘、氦类稳定原子核(元素)形成。大爆炸后35分钟：3亿℃，核过程停止，尚不能形成中性原子。大爆炸后30万年：3000℃，化学结合作用使中性原子形成，宇宙主要成分为气态物质，并逐步在自引力作用下凝聚成密度较高的气体云块，直至恒星和恒星系统。

哈勃太空望远镜是天文史上最重要的仪器之一，以天文学家哈勃的名字命名，自1990年发射后，一直在太空轨道上环绕地球飞行。因为它的位置在地球的大气层之上，所以它所获得的影像不会受到大气湍流的扰动，又没有大气散射造成的背景光，还能观测到会被臭氧层吸收的紫外线，可以填补地面观测的不足，从而帮助天文学家解决了许多天文学上的基本问题。

宇宙会不会一直膨胀下去呢？

1929年，美国天文学家哈勃发现，河外星系普遍存在着红移现象。这个现象说明，河外星系都在远离我们而去。也就是说，不管你站在宇宙间的哪颗星球上，都会发现所有的星星在向四面八方飞散。

天文学家经过进一步观测发现，距离近的星系红移量小，距离远的星系红移量大，这种关系被称为“哈勃关系”。比如，离我们5.7亿光年的狮子星座，正以每秒1.95万千米的速度离去，而离我们12.4亿光年的牵牛星座，正以每秒3.94万千米的惊人速度远离而去。照此推算，在离我们100亿光年的地方，星系的移动速度将达到每秒30万千米，与光速相等。再远的地方由于光无法到达，因而人们也就观测不到了。

星星与星星之间为什么会互相远离呢？按照有些科学家的解释，其原因就在于宇宙膨胀。举例来说，我们所处的宇宙好比一个带斑点的气球，星星就好比气球上的那些斑点，吹气之后，气球开始膨胀，那些斑点之间的距离就会跟着变大。你不妨想象自己站在这个气球的某个点上，当气球膨胀时，你就会发现别的点都在慢慢地离开你站的那个点，越来越远。你换到其他任何一个点上，也都会看到同样的情景。

那么，是什么力量推动着宇宙在不断膨胀呢？根据宇宙大爆炸假说，“宇宙蛋”爆炸后，物质就飞散开来，宇宙由此开始膨胀，一直持续到现在。宇宙在不断膨胀的同时，又在不断地降温，已经降到了约为-270℃。当然，这并不是说宇宙中任何地方都是这个温度，比如，恒星上的温度就很高，有的甚至达到几万摄氏度。但是在空旷的宇宙中，这些恒星就像寒夜中的篝火一样，温度再高也改变不了周围的低温世界。

既然宇宙从诞生到现在一直在膨胀，那么人们不禁要问，这种膨胀会不会有停止的那一天呢？

科学家们发现，宇宙虽然一直在膨胀，但膨胀的速度却在逐渐减缓，原因在于宇宙中的物质之间存在着万有引力。这种万有引力将互相离开的物质往回拉，只是它的力量大小难以估计。如果引力不太强，那么膨胀的速度虽然在变慢，却永远不会变成零，这样宇宙就将无限地膨胀下去。如果引力很强，那么宇宙膨胀的速度就会逐渐减小到零。到那时候，宇宙的膨胀就会停止，并且开始收缩，越缩越小。

对于宇宙膨胀的前景，相当多的学者认为，宇宙中的物质密度很小，引力很弱，因此宇宙将无限膨胀下去。如果宇宙总质量大于某一临界质量，宇宙的结构就是球形的，并且总有一天会在引力的作用下收缩；如果宇宙总质量小于临界质量，宇宙的结构就是马鞍形的，宇宙内部的引力无法抵消宇宙膨胀的速度，于是宇宙便会一直膨胀下去；如果宇宙总质量恰好等于临界质量，那么宇宙的结构就是平坦的，宇宙也将一直膨胀下去。

那么，宇宙的结构是什么样的呢？科学家提出了一个衡量宇宙结构的标准：如果两束平行光线越来越近，那么宇宙的结构就是球形的；如果两束平行光线越来越远，那么宇宙的结构就是马鞍形的；如

美国天文学家爱德温·哈勃是研究现代宇宙理论最著名的人物之一，他发现了银河系外星系存在及宇宙不断膨胀，是银河外天文学的奠基人和提供宇宙膨胀实例证据的第一人。

果两束平行光线永远平行下去，那么宇宙的结构就是平坦的。经过研究发现，在大尺度上，宇宙最初发出的光线并没有发生弯曲现象，也就是说当初的两束平行光线一直保持着平行状态，这说明宇宙的结构是平坦的。也就是说，宇宙总质量恰好等于临界质量，因此宇宙将像现在这样一直膨胀下去。

然而，有很多科学家并不同意上述观点，他们认为，宇宙中的引力比我们知道的要大得多，足以使宇宙停止膨胀，开始收缩。根据计算，如果宇宙的平均物质密度小于 5×10^{-27} 千克/立方米(相当于每立方米中有三个核子)，那么，我们这个宇宙就会不断膨胀下去，星体之间的距离就会越来越远。如果宇宙的平均密度大于 5×10^{-27} 千克/立方米，那么在几十亿年后，在引力的作用下，更多的星系将重新靠近。此时，由于星体间的碰撞，星空将变得越来越明亮，天空也会越来越灼热。最后，所有的星体将被压缩在一个很小的范围内，这时，高温高密度所产生的巨大压强会阻止这个压缩过程的

科学已揭之秘

多普勒效应

1842 年里的一天，奥地利一位名叫多普勒的数学家正从铁道口路过，恰逢一列火车从他身旁驰过。他发现火车从远而近时汽笛声变响，音调变尖，而火车从近而远时汽笛声变弱，音调变低。多普勒觉得这个现象很有趣，就对它进行了研究，发现这是由于振源与观察者之间存在着相对运动，使观察者听到的声音频率不同于振源频率。人们把它称为多普勒效应。

多普勒效应不仅仅适用于声波，也适用于所有类型的波，包括电磁波。美国天文学家哈勃根据多普勒效应得出宇宙正在膨胀的结论。他发现，远离银河系的天体发射的光线频率变低，即移向光谱的红端，称为红移。天体离开银河系的速度越快，红移就越大，这说明这些天体在远离银河系。反之，如果天体正移向银河系，则光线会发生蓝移，即移向光谱的蓝端。

继续，从而有可能再来一次“大爆炸”，使宇宙再度膨胀。

有一部分天文学家认为，宇宙从来就没有什么开端，它的物质一直就在反复地聚拢而后又分开，分开后又聚拢，永无止境。这样一幅图景被称为“振荡宇宙”。

那么，宇宙的平均物质密度到底是多少呢？由于宇宙太大了，人们实在难以准确地测量出来，所以也就无法知道宇宙将来是不是会停止膨胀。

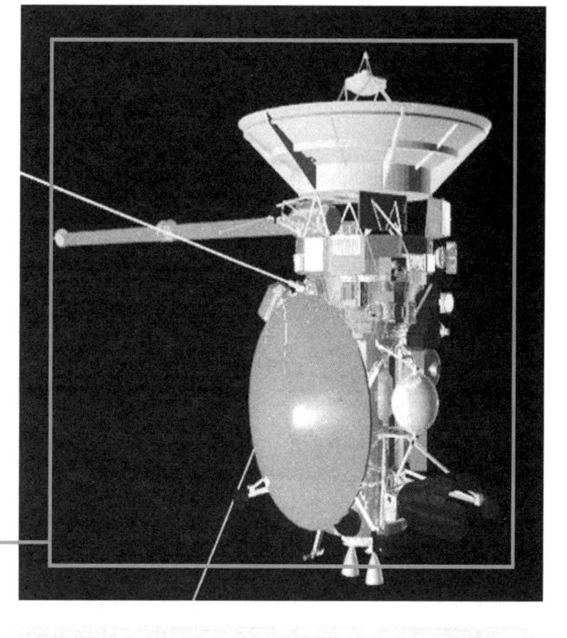

假如宇宙真的开始收缩了，那时候会出现什么情景呢？时间是不是到那时就走到了尽头，开始往后退呢？随着时间的倒退，历史长河中已经发生过的一切会不会重演呢？这些深奥而奇妙的问题都在等待着人们去探索。

科学已揭之秘

来自宇宙的噪声

1964年，美国新泽西州贝尔电话实验室的两位科学家阿诺·彭齐亚斯和罗伯特·威尔逊正在检测一个非常灵敏的微波探测器。当他们用探测器上庞大的天线进行巡天扫描时，无论指向哪个方向，总是能收到较高的信号噪声。这种神秘的微波噪声非常稳定，无论白天黑夜，也无论春夏秋冬都存在。

这是怎么回事呢？他们先是怀疑线路有问题，或者是发热，或者是线路不均匀，于是就想办法降低了线路温度，并使线路尽量均匀，但那幽灵般的微波噪声却没有丝毫减弱。在微波探测器天线的旁边，有一个鸽子巢，一对鸽子经常进进出出，留下了不少白色的鸽子粪，于是人们又把怀疑的目光瞄到了鸽子头上。他们赶走了鸽子，清除了鸽子粪，但还是无法驱除那神秘的噪声。经过多方排除和分析，只剩下一种可能，那就是这个噪声幽灵来自宇宙。宇宙中充斥着一种均匀的微波辐射，因此在天空的任何一个方向上，都可以接收到这种稳定不变的微波噪声。

当时，彭齐亚斯和威尔逊并不明白他们这项发现的重大意义。不久，伽莫夫提出了宇宙大爆炸理论，而宇宙微波噪声正好为它提供了有力的证据。早期宇宙的膨胀使得光发生剧烈的红移，而光是从遥远的地方而来，刚好现在到达地球，作为微波辐射被接收。1978年，彭齐亚斯和威尔逊获得了诺贝尔物理学奖。

科学未解之谜

夜晚的天空为什么是黑的？

如果有人很认真地把这个问题提出来，也许会遭到很多人的嘲笑。到了夜晚，太阳落下去了，天空中没有了阳光，当然就变黑了，这有什么奇怪的呢？

其实，这个问题并不这么简单。早在1610年，德国著名的天文学家开普勒就思考过这个问题。他天才地把夜晚天空的黑暗看成是宇宙大小有限的证据。当人们通过恒星之间的缺口眺望时，所看到的是一堵围绕着宇宙的黑暗的围墙。在这幅图像中，你站的地方不是无边无际的森林，而是一片小树林，当你通过树干间的空隙观望时，你看到的只能是树林外面的世界。

18世纪的瑞士天文学家德谢梭根据恒星的大小和它们之间的平均距离，进一步计算得出，当宇宙的直径达到约1000万亿光年时，我们朝任何方向看去，相当于看到一颗恒星的亮度。

1823年，德国天文学家奥尔伯斯指出，如果宇宙是无限无边的，那么在天空中就会广泛而均匀地分布着无数的恒星，人们无论从哪个方向望去，都能望见恒星。根据奥尔伯斯周密的计算，即使把距离的因素考虑进去，这些恒星所发出的亮光也会使地球的夜空变得比白天还亮，大约相当于整个天空中布满了太阳那么亮。

奥尔伯斯的这个观点与人们的日常经验是矛盾的，所以被称为“奥尔伯斯佯谬”。那么，怎样才能对“奥尔伯斯佯谬”做出合理的解释来呢？这在当时引起了一场激烈的争论，却没有争出什么结果来。在此之后的一个多世纪的时间里，不断有人想对这个问题做出解答，但直到现在为止，还没有人能做出全面的解释。

起初，有人提出，夜晚的天空之所以是黑的，是因为地球上空的尘埃和宇宙间的星际物质，遮蔽了来自遥远的恒星的光。奥尔伯斯本人也是这样认为的。然而，如果尘埃和星际物质吸收了那么多能量，它们必然要变热而发光，这恰恰证明"奥尔伯斯佯谬"不是荒谬的。

后来，又有人试图利用哈勃定律来解释这个"奥尔伯斯佯谬"。来自遥远星球的光在大幅度红移，并在这个过程中丧失了能量。因此，我们只能看到近处的恒星是明亮的，却看不到远处恒星的光芒，所以整个天空就显得一片黑暗。

美国有一位名叫哈里森的科学家提出了一个很独特的观点，他认为由于光的传播需要一定的时间，因此我们看不到恒星所发的光。我们看到的是黑色的天空背景，很可能是恒星形成之前的一段时间。这个观点涉及宇宙起源这个深奥的难题，因而人们暂时还无法判断它正确与否。

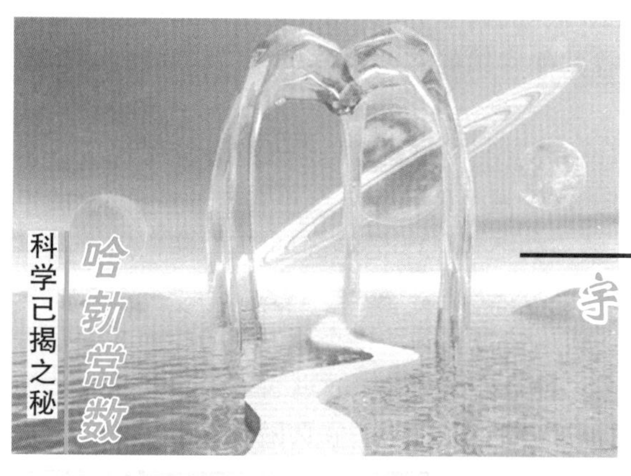

1929年，哈勃首先发现河外星系的退行速度与距离成正比，并测出其比值为500千米/秒·百万秒差距。为了纪念哈勃的功绩，国际天文学界就把这个比值称为哈勃常数。后来，经过许多科学家的辛勤努力，先后用七种距离指标的方法重新修订哈勃常数，得出哈勃常数的数值为50千米/秒·百万秒差距，这只有哈勃当年测定值的1/10。

科学未解之谜

宇宙的年龄到底有多大？

我们要想知道一个人的年龄，首先要知道他是哪一年出生的。同样，我们要想知道宇宙的年龄，也要知道它是什么时候诞生的。

按照宇宙大爆炸假说，宇宙的年龄应该从它原初大爆炸的那一瞬间算起。根据大爆炸假说，宇宙有一个非常重要的特征，那就是从它诞生的那一刻起，就在一刻不停地膨胀。如果宇宙膨胀是均匀的，根据哈勃常数的倒数就可以直接给出宇宙的年龄，大约为200亿岁。

然而，问题在于，即使可以确定大爆炸理论是正确的，哈勃常数的精确程度和宇宙膨胀的均匀程度却无法确定。首先，由于宇宙中的物质存在着万有引力等相互作用，因此宇宙膨胀就不可能是均匀的。其次，哈勃常数的数值测定与许多因素有关,按不同方法测定的哈勃常数彼此间相差很大,而由此计算出来的宇宙年龄自然也就相差很大。比如,法国天文学家沃库勒用新星、造父变星、超巨星等五种星体作为标准烛光,对 300 个星系进行观测,得出的哈勃常数为 100 千米/秒·百万秒差距,由此得出宇宙的年龄只有 100 亿岁。目前,天文学界比较普遍的意见是,宇宙年龄的上限基本可以定在 200 亿年,下限最好定在 140 亿年左右。

根据宇宙膨胀的速度向前推算宇宙的年龄,这种方法虽然比较科学,但并不十分准确,因此科学家们一直在努力寻找其他方法,争取对宇宙的年龄做出比较准确的估算。

2001 年,法国巴黎天文台等机构的科学家利用欧洲南方天文台设在智利的“极大望远镜”上的高精度光谱仪,在银河系外缘的一颗古老恒星上观察到了铀 238 谱线。根据铀元素的谱线,可以推算出这个恒星上铀元素的含量。在将它与钍元素含量进行比较后,初步推算出,宇宙年龄至少有 125 亿年,误差为前后 30 亿年。如果继续研究这颗恒星上的放射性重金属谱线,并寻找其他含铀的贫金属恒星,就有可能进一步提高推算的精度。

2002 年 4 月,一个由法国、荷兰、德国和美国科学家组成的研究小组发现了一个远在 135 亿光年外的正在形成的星系团。这个星系团是宇宙诞生初期的产物,它的年龄在 135 亿年左右,由此推断,宇宙的年龄不会低于 135 亿年,但也不会超出这个数字太多。

不久,美国的天文学家利用哈勃太空望远镜观测到了迄今所发现的银河系中最古老的白矮星,这又为确定宇宙年龄提供了一种全新的途径。这些古老的白矮星年龄为 120 亿~130 亿年。白矮星是宇宙中早期恒星燃尽后的产物,它会随着年龄的增长而逐渐冷却,因而被视为测量宇宙年龄的理想“时钟”。天文学家们打比方说,借助白矮星来估算宇宙的年龄,就好像通过余烬去推测一团炭火是何时熄灭的。根据哈勃太空望远镜拍摄到的照片,这些白矮星的亮度不及人的肉眼所能看到的最暗星体的 10 亿分之一。它们极有可能是在宇宙大爆炸后不到 10 亿年间形成的。将这 10 亿年考虑进去,结合最新的观测结果,可以推算出宇宙的年龄应该在 130 亿~140 亿年之间。

欧洲南方天文台

1991年，欧洲南方天文台经长期考察后，决定出资六亿美元在智利北部阿塔卡马沙漠地带的巴拉那尔山上架设一台大型天文望远镜。这是目前世界上最大的天文望远镜。它总共由四面主透镜组成。每面透镜直径8.2米，厚18厘米，重22吨，其观测效果相当于一台直径为16米的天文望远镜，可观测到遥远的天体和星系。

宇宙中存在着不可视物质吗？

人们常常认为，宇宙的主要物质成分和构成人体的物质是一样的，即宇宙间的万物都是由各种元素(或质子、中子等)所构成的，这可以称为物质成分上的人类中心论。然而天体物理学的一个最新研究成果表明，各种元素(或质子、中子等)的总和，按质量也许不超过宇宙总质量的1/10，其余9/10的质量则是由所谓的不可视物质或暗物质贡献的。也就是说，构成人类的物质成分，并不是宇宙间的主要成分，而只是占质量不及1/10的次要成分。这一研究成果的公布，立即使许多科学家对不可视物质的存在与否产生了极大的兴趣，不同的推测结论也就应运而生了。

不可视物质的提出最早是在20世纪30年代，瑞士的天文学家兹威基用光度方法和动力学方法分别估计了后发星系团的质量。结果发现，用这两种方法得出的质量差别极大，动力学质量要比光度质量大400倍。由此而得出的结论，只能是后发星系团的主要质量并不是由可视的星系贡献的。用光度方法测出的质量，只包含发光区的质量，不包括存在于不发光区的物质的质量。因此，只要在不发光区含有大量的质量，光度质量就会比动力学质量小得多。至于这些质量到底是由什么物质贡献的，兹威基全然不知，只好称其为“下落不明的质量”。

在很长一段时间里，兹威基的大胆推测并没有得到公认，直到 20 世纪 70 年代，人们仍相信星系是宇宙中的主要成分，“下落不明的质量”根本不存在，光度质量和动力学质量的差别是由其他原因造成的。

直到 1978 年，兹威基的推测才重新得到重视。一些射电天文学家在测量距离星系中心不同距离上的物体的转动速度时发现，在星系的发光区域之外，物体转动速度与距离无关，这与太阳系的情况完全不同。对此唯一可能的解释是：在星系周围存在着具有大质量的不可视的晕。这个无歧义的证据使人相信，在宇宙间可能存在着质量大的不可视的成分。

不可视物质的存在之所以长期受到怀疑，其原因之一就是许多有关这种暗物质成分的猜测都曾被证明是错误的。

科学已揭之秘

元素丰度

元素丰度即元素的相对含量，它是根据谱线相对强度或轮廓推算出来的。绝大多数恒星的元素丰度基本相同：氢最丰富，按质量计约占 71%；氦次之，约占 27%；其余元素约合占 2%。这称为正常丰度。有少数恒星的元素丰度与正常丰度不同，一般说来，这与恒星的年龄有关。

最初有人猜想，“下落不明的质量”是由弥漫的气体贡献的。在银河系中有不少星云，在星系际空间里，是否也大量地存在这种气态物质呢？实际上，只要在星系团中平均每立方厘米体积里有 1%个氢原子，它们的总和就足以给出短缺的质量，并且这样低密度的气体的确可以说是不可视的。然而通过对射电波辐射的观测证明，星系际氢原子的密度不会高于每立方厘米 10^{-12}，因而这种猜想被否定了。

香港天文台

如果“下落不明的质量”以尘埃的形式存在，那就会引起星光的昏暗。由定量估计得知，弥散尘埃的质量最多只占星系团中恒星质量的 1%，所以尘埃也不会是暗物质的主要成分。

还有人猜想，“下落不明的质量”是一些已经变暗的“死”去的星或星系。如果今天的宇宙中有如此多的“死星”，那么，在早一些时代“活星”的数目一定比现在多得多。可是，天文观测已经观测到了“远一点”的地方，即“早一些”的时代，因为光要用一定时间才能传到我们这里。倘使远处有过多的“活星”，就会使天空的背景辐射与观测值大得多。这与实际观测结果不相符，因而这种看法也不能成立。

1978 年以后的十几年间，有关暗物质的研究得到了进一步的发展。天文学家通过 10 米的天文望远镜观测远河外星云，测出其中的氘核和氢核的元素丰度的比值比过去所知的数值大了一倍以上。从这一数值可以确定，在星系四周的“晕”中必定存在着由非常见物质形态形成的暗物质。

假如说宇宙中确实存在着暗物质，那么暗物质是由什么样的物质所形成？有的科学家认为，暗物质可能有两种形态：一种是热暗物质，它们在宇宙形成物质世界时期保持着相对论性粒子状态；另一种是冷暗物质，它们在宇宙形成物质世界时期就已经是非相对论性的粒子。这两者在宇宙演化过程中起着不同的作用，但如何探索、寻找和研究已被天文观测所证实的暗物质，这已经成为摆在科学家们面前的一道难题。

科学未解之谜

星际分子在太空中有什么作用？

南半球最大的天文望远镜“南部非洲大望远镜(SALT)”建在南非开普敦东北约 350 千米处的荒漠小镇萨瑟兰，它有一个直径为 11 米的主球面镜，由 91 片六边形镜面组成，天文学家借助它可以观测麦哲伦星云等在北半球无法进行有效观测的天体。

长期以来，天文学家一直这样认为，在茫茫宇宙空间，除了恒星、恒星集团、行星、星云之类的天体物质外，再也没有什么别的物质了。直到 20 世纪初，人们还认为星际空间是一片真空，后来终于发现，在星际空间充满了各种微小的星际尘埃、稀薄的星际气体、各种宇宙射线以及粒子流。

星际存在物质，这是最早用光学方法发现的。1937 年，有人在恒星光谱上发现了某些分子的吸收线，因为恒星上的高温会破坏分子，所以从遥远星球上射来的光线，在传播过程中会被某种星际物质所吸收。在观测中还发现星光通过星际空间有变红的现象，这说明星际有尘埃存在。

到了 20 世纪 40 年代，科学家已经在恒星光谱中确认出由星际空间中的甲川分子、氰基分子和甲川离子分子产生的光谱线。随着射电天文学的发展，本来有可能发现更多种类的星际分子，但当时的科学家们普遍认为,在星际空间的物理条件下,即使能形成复杂的分子，也会立即被恒星发出的强烈紫外辐射所摧毁。

美国国家光学天文台

1968年，美国的一个物理学家小组利用大型射电望远镜，在银河系中心区发现了氨的分子。星际分子的发现,成为当时一件轰动世界的大事。后来,人们又发现了小蒸气分子。它们的数量很多,在尘埃云的后面形成了体积巨大的分子云。

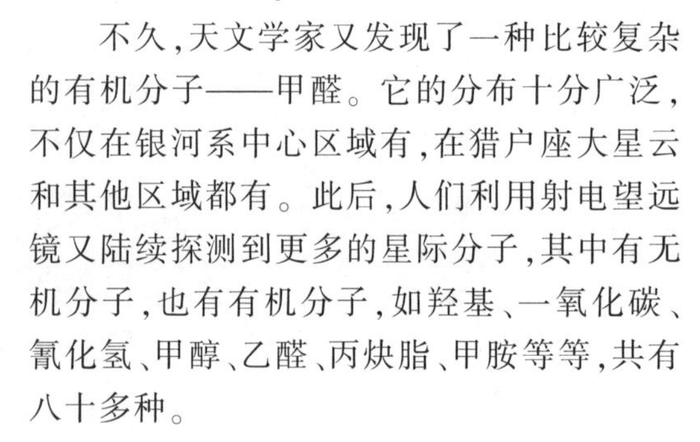

不久,天文学家又发现了一种比较复杂的有机分子——甲醛。它的分布十分广泛,不仅在银河系中心区域有,在猎户座大星云和其他区域都有。此后,人们利用射电望远镜又陆续探测到更多的星际分子,其中有无机分子,也有有机分子,如羟基、一氧化碳、氰化氢、甲醇、乙醛、丙炔脂、甲胺等等,共有八十多种。

在这里最值得一提的是,1965年，有人在猎户座大星云中发现羟基分子的一条谱线特别明亮,谱线宽度又非常窄,而且在短时间内强度变化很大。如果说这是由于热辐射造成的,那么辐射源的温度应为1013K;而从谱线宽度上看,热源的温度只有几十开尔文。这是怎么回事呢?

后来,人们从激光器中得到了启发,意识到这可能是一种微波激发射,即“脉塞”现象。在星际空间中,存在着天然的微波量子放大器,它能把气体分子激发到一个高能级,然后这些处于高能级的分子又一起回到低能级,同时放出大量光子,释放的能量极大。然而,究竟是什么力量造成了大量的分子“反转”,即一起激发到高能级呢?其原因现在还不清楚。

科学家们在观测中发现,由于星际云中尘埃起有保护作用,星际分子才能摆脱高

信不信由你

星际分子与生命起源

我们知道,构成生命的基础是蛋白质,而蛋白质的主要成分就是氨基酸分子。它是一种有机分子。尽管人们还没有在宇宙中直接观测到氨基酸分子,但是科学家们在地面实验室里模拟太空的自然条件，已经用氢、水、氧、甲烷以及甲醛等有机物合成了几种氨基酸。既然合成氨基酸的原料在星际分子云中大量存在,那么宇宙空间中也就一定存在着氨基酸分子。有了氨基酸分子,只要环境适宜,就有可能转化为蛋白质,进一步发展为有机生命。

温恒星发出的紫外线的强袭击而存在下来。它们彼此进一步发生各种化学反应，就逐渐形成了由几个甚至十几个原子构成的更复杂的分子。然而，使科学家感到困惑的是，有些星际分子竟是地球环境中找不到的，甚至在实验室里也无法得到。这些地球上不存在的星际分子，在太空中起什么作用呢？它们有哪些物理、化学特性呢？这些问题还都是一个谜。

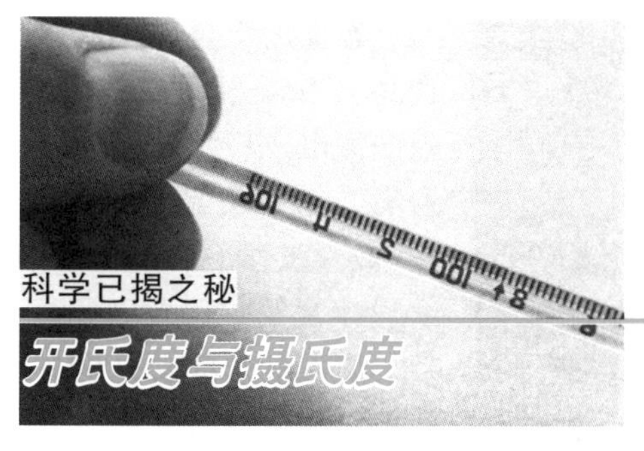

科学已揭之秘

开氏度与摄氏度

开氏度(K)是热力学温标(温度的标准)的单位，热力学温标把宇宙的极温规定为0K，而摄氏度(0℃)是把冰水混合物规定为0℃，一个标准气压下的沸水规定为100℃。热力学温度和摄氏温度有一定关系：T=273+t (T表示热力学温度，t表示摄氏温度)。273K等于0℃。现在普遍采用的百分温标(即摄氏温标)是1732年由瑞典天文学家摄尔萨斯提出来的。他把水的沸点定为0℃，冰点定为100℃，两者之间分为100个温点。现代温度计将原设计的温标颠倒了过来，取水的冰点为0℃，水的沸点为100℃。这一颠倒使温标显示与人们的习惯认识相符合，更加便于使用。

科学未解之谜

星系是怎样形成的？

在晴朗无月的夜晚里抬头遥望，你会看见天空中有一条乳白色的带子，这就是人们通常所说的银河。在整个银河系中，太阳实在是太微不足道了，它只是银河系中一颗普通的恒星。而在整个宇宙中，银河系又显得太微不足道了。像银河系这样的星系，迄今为止人类已发现了约10亿个，其中离我们最远的距离达100多亿光年。

作为恒星的巨大集群，每个星系所包含的恒星数目各不相同。有的是几十亿颗，有的是上千亿颗，星系

银河并不是真正的河，而是由1000多亿颗恒星组成的天体系统，在天文学上叫银河系。

的形态也是千差万别。早在1926年，美国天文学家哈勃就提出，星系可以分成三大类。第一类是不规则星系，数量较少，外形没有什么规律。第二类是椭圆星系，约占星系总数的60%，其中直径最大的可达50万光年，是银河系的好几倍，最小的直径只有3000光年。第三类是旋涡星系，约占星系总数的30%，它通常有一个比较明亮的椭圆状的中央核区，从核区内向外伸出两条盘旋着的旋臂。当它们正面对着我们时，可以清楚地观测到其中的旋涡结构；如果以侧面对着地球，看上去就像是一个扁扁的铁饼。

对于星系人类已经做过了大量的研究和观测，但对于星系是怎样形成的这个问题，至今却很难做出准确的回答。一般认为，星系是由原星系演化而来的，原星系又是由宇宙中星系的前身物质形成的，那么这些前身物质又是从哪里来的呢？天文学家提出了一些推测，却始终无法做出定论。

一种观点认为，星系的前身物质可能是宇宙膨胀后的弥漫物质。在引力的作用下，这些弥漫物质收缩并凝聚起来。如果凝聚的区域在星系团或超星系团尺度，那么其中就有可能出现许多凝聚中心。随着密度的增大，星系团尺度的物质就会碎裂成星系。如果凝聚区域在星系团尺度，就有可能先形成星团，再聚集成星系。在弥漫物

科学已揭之秘

星云的发现

星系也叫恒星系，形象地说，它是宇宙中由大群星星组成的“岛屿”。星云则是包含了除行星和彗星外的几乎所有延展型天体。人们有时将星系、各种星团及宇宙空间中各种类型的尘埃和气体都称为星云。1758年8月28日晚上，一位名叫梅西耶的法国天文学爱好者在巡天搜索彗星的观测中，突然发现了一个云雾状斑块。这个斑块在恒星之间没有位置变化，显然不是彗星。它是什么天体呢？在没有揭开答案之前，梅西耶将这类发现（截至1784年共有103个）详细地记录下来，其中第一次发现的金牛座中的云雾状斑块被列为第一号，即M1，“M”是梅西耶名字的缩写字母。

梅西耶建立的星云天体序列至今仍然在使用。他的不明天体记录（梅西耶星表）于1781年发表后，引起英国著名天文学家威廉·赫歇尔的高度重视。在经过长期的观察核实后，赫歇尔将这些云雾状的天体命名为星云。

质收缩凝聚过程中，第一代恒星就随之形成了。

这种观点似乎很容易理解，但有关计算结果表明，单靠自身引力作用，弥漫物质无法聚集成星系那么大质量的天体。于是有人认为，星系的核心是黑洞，是它以强大的引力把弥漫物质吸引到周围形成星系。也有人认为，宇宙处于辐射时代时，由于辐射很强，会引起等离子的湍流。当宇宙进入物质时代后，大大小小的湍流相互碰撞、混合，产生出很大的冲击力，使物质成团成块，逐渐演化成星系。

另一种观点认为，星系的前身物质可能是宇宙早期的超密物质，在宇宙大爆炸的过程中，可能有一些物质延迟爆炸，称为延迟核。延迟核又称白洞，它与黑洞正好相反，不是把一切物质都吸引进去，而是把其中的物质全都抛出来。当延迟核开始爆炸时，它的密度要比周围的物质密度大得多，抛射出来的物质就形成了星系。

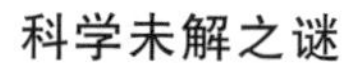

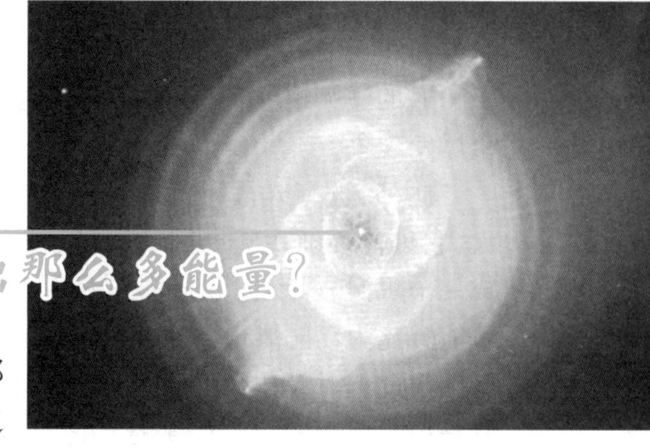

活动星系核为什么能释放出那么多能量？

许多星系都有一个密度极大的中心凝聚部分，它就叫星系核，其大小只有星系的千分之一。有的星系核比较宁静，没有猛烈的物质运动，发出的辐射也不太强，例如银河系就是这样。但是有些星系核却处在剧烈活动状态，看上去很明亮，人们把它们称为活动星系核。

活动星系核中常有高速气流喷出，炽热的气流速度有的达每秒几千千米，最高的可达每秒上万千米。有的星系核还会发生猛烈爆炸，抛出的物质有几百个乃至上千个太阳的质量。星系核的爆发是宇宙中最大的高能过程，也是星系核活动形式中最剧烈的一种。

活动星系核还会发出巨大的非热辐射，其功率可达 10^{46}~10^{47} 尔格/秒。已知太阳每秒钟辐射出去的能量不过 10^{34} 尔格，由此可见活动星系核释放的能量是何等惊人。

活动星系核的能量是从什么过程中释放出来的呢？天文学家们在这个问题上各抒己见，提出了很多看法，各有其道理，但至今尚未形成定论。

一种意见认为，活动星系核的能量可能来自恒星的相互碰撞。一般来说，星系核是星系中密度较大的地方，那里的恒星空间密度也一定非常高。大量恒星密集在那么小的空间里，彼此间一定会发生碰撞，而大量恒星的相互碰撞就有可能发出巨大的能量。

另一种意见认为，活动星系核中有许多恒星，而中等质量以上的恒星演化到晚期就有可能出现超新星爆发，而每个超新星爆发时都能释放出 10^{51} 尔格的能量，如果大量恒星此起彼伏地爆发开来，放出的能量显然极其巨大。

还有一种意见认为，星系核是一个由等离子体组成的旋转球体，在星系核旋转的过程中，磁力线会发生扭曲。当方向相反的磁力线碰到一起时，就会发生类似正、反粒子相遇的湮灭现象，磁场能就会迅速转化为粒子动能，发生爆发现象。

此外，也有人认为，由于星系核密度大，引力自然也大，它可能逐渐吞噬周围的恒星，使自身的质量增殖，形成一个黑洞。当大量物质向黑洞中心坍缩时，引力能就有可能转化为辐射能。

与此相对应的学说认为，星系核有可能是一个白洞，它是由星前超密物质构成的。它不是像黑洞那样把一切物质都吸引进去，而是把其中的一切都向外抛射，于是就释放出巨大能量，构成了宇宙间最壮观的图景之一。

科学已揭之秘

尔格与达因

尔格是一种功和能量的单位，1 尔格相当于 1 达因的力使物体在力的方向下移动 1 厘米过程中所做的功，而 1 达因就是使 1 克质量的物体获得 1 厘米/秒^{2}加速度所需的力。

科学未解之谜

旋涡星系为什么会有旋臂？

在目前人们所观察到的星系中，以旋涡星系的形状最为有趣。从侧面看去，它很像一个铁饼，中间凸起，四周扁平，从凸起的部分螺旋式地伸展出若干条狭长而明亮的光带，这就叫它的旋臂。有的旋涡星系的旋臂卷得很紧，有的却卷得很松。天文学家哈勃把卷得紧的叫作 Sa 星系，卷得松的叫 Sc 星系，不紧也不松的叫 Sb 星系，这里的 S 是英语中“旋涡”这个词的第一个字母。

在旋涡星系中，绝大多数恒星都集中在扁平的圆盘内，而在旋臂上集中了大量的星际物质、气体和疏散星团。

旋涡星系的旋臂形状就像树木的年龄一样，从中可以看出星系的年龄。旋臂越是明显松散，星系的年龄就越小。旋臂中气体充足，不久的将来就会有大批新的恒星在这里产生。银河系、仙女座星系、大熊星座等，都是发展得很完整的旋涡星系，它们目前都正处于生命力旺盛的中年时期。

旋涡星系 M51 的旋臂清晰可见

一般来说，在引力的作用下，星系应该是一个扁圆盘，不可能形成旋涡结构。即使出现旋臂，也应该是暂时现象。在星系自转过程中，由于靠里面的恒星转动得快，外边的转得慢，星系形成不久旋臂就会缠紧。可是从银河系诞生到现在，太阳已经围绕银河中心旋转了二十多圈，却没有发现其旋臂缠紧。这是怎么回事呢？

科学家们提出了一种密度波理论，对这个问题做了很好的说明。假设有一段马路正在施工，路面上只留下一条窄窄的通道供车辆通过，那么这个地方的交通就会变得格外拥挤。如果从空中往下望，就会看到这里一天到晚挤满了车辆。在旋涡星系中，旋臂就好像是正在施工的路段，这个地方恒星特别多，引力也特别强，所以不仅吸引了大量的气体尘埃，而且当恒星从这里通过时，都必然要减慢速度，使这里显得非常拥挤，远远看去就呈现出旋涡状的结构。实际上，旋臂中的恒星是在不断运动、更替的。

英国格林尼治天文台

根据密度波理论，我们可以知道旋涡星系的旋臂是什么，但是我们却不知道为什么会出现这样的密度分布。也就是说，旋涡星系的旋臂至今还是一个等待回答的天文学之谜。

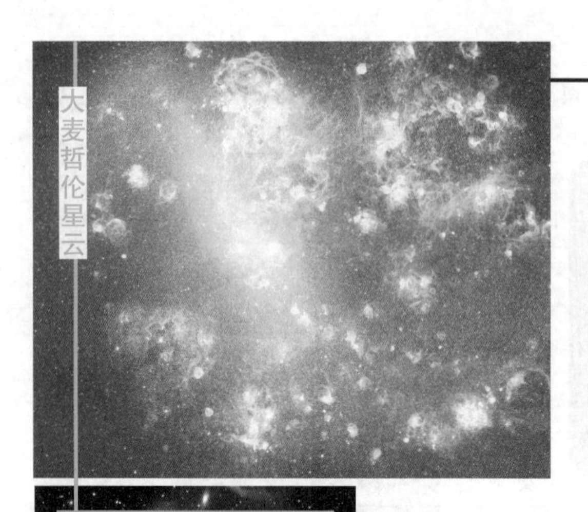

大麦哲伦星云

信不信由你

大、小麦哲伦星云的未来

根据科学家的估算，由于引力的作用，银河系不断地从大、小麦哲伦星云这两个小星系中吸取尘埃和气体，使得这两个“邻居”中的物质越来越少。预计在100亿年里，银河系将最终吞没这两个星系中的所有物质，那时候这两个近邻将不复存在。

小麦哲伦星云

科学未解之谜

不规则星系的形状是怎样形成的？

公元10世纪时，航行到南半球的阿拉伯人就注意到在天空中有两个模糊的天体。1519年，葡萄牙航海家麦哲伦进行环球航行时，首先对这两个天体做了精确的记录和描述。后人为了纪念他，就把这两个天体分别称为大麦哲伦星云和小麦哲伦星云。

大、小麦哲伦星云是已知星系中离银河系最近的两个，可以说是我们的“邻居”，但它们和银河系的模样却大不相同。按照哈勃的分类法，银河系属于旋涡星系，而大、小麦哲伦星云属于不规则星系。

不规则星系的形状为什么是不规则的呢？要想回答这个问题，首先要确定各类星系之间是否存在着互相演化关系。如果存在着这种关系，就应该到演化的源头去寻找原因。

早在20世纪30年代，就有很多人认为星系之间是按照一定形态演化的，至于演化的具体过程，却出现了两种截然不同的意见。

一种意见认为，所有的星系都是从球形开始的，由于自转而变成椭圆形星系；当椭圆越来越扁时，就会生出旋臂，形成旋涡星系；随着旋臂的不断展开以至最后消失，就变成了不规则星系。也就是说，不规则星系是所有星系的归宿。

另一种意见认为，所有的星系都是从不规则星系开始的，经过自转后产生轴对称，生出旋臂，旋臂由松逐渐变紧，形成椭圆形，最后又演化成球形系统，也就是说，不规则星系是所有星系的前身。

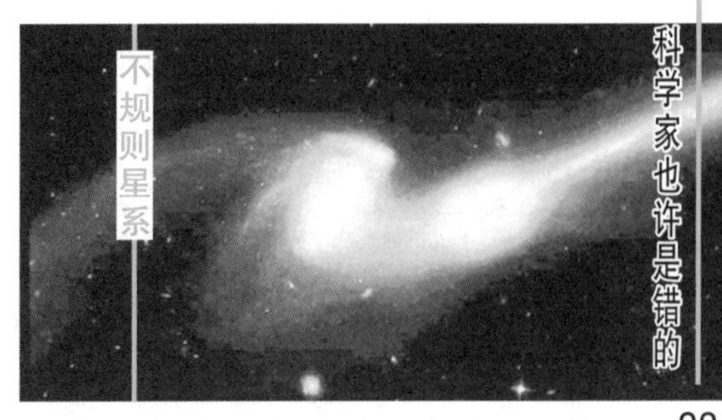
不规则星系

以上两种看法都遇到了许多无法解释的现象。比如,在椭圆星系和旋涡星系中,都存在着年龄相差不多的老年恒星。而且这两类星系的扁度相差不大,不可能相互转化。于是有人提出,各类星系之间是不能彼此转化的,它们的形态和结构所以有那么多不同,主要是与它们形成时的初始条件有关。在密度或速度弥散度较大的气云中,恒星的形成速度从一开始就比较快,气体几乎很快就用完了,于是就形成了椭圆星系。而在密度或速度弥散度较小的气云中,部分恒星形成得比较快,就成为星系的中心,未形成恒星的气体逐渐沉向星系盘,于是就形成了旋涡星系。

至于不规则星系,有可能是在大星系形成后,由剩余的气体逐渐积聚、演化而成的。所以,不规则星系很多都在大型星系的附近。由于同样原因,它的密度较小,形成恒星的速度比较慢,因此在它的里面年轻的恒星很多,有些还是刚刚问世的。

按照这种解释,星系的形状从一开始形成起,就已经定形并保持下来,接下来就进行着孤立的演化,有人把它形象地称为“宇宙岛”。然而,近年来的研究发现,星系在演化的过程中有可能被其他因素所改变。这样一来,问题就变得更加复杂了,也就要求天文学家更好地开动脑筋了。

科学未解之谜

恒星是怎样形成的?

天空中,除了少数行星外,其他的都是自己会发光、位置相对稳定的恒星。“恒”就是长久固定不变的意思。古人以为恒星的位置是不变的,所以给它起了这个名字。其实,恒星不但自转,而且各自都以不同的速度在宇宙中飞奔,速度比宇宙飞船还快。比如,天狼星以每秒8000米的速度飞离地球而去。只不过恒星离地球太远了,所以人们很难觉察到它在运动。

恒星和人一样,也要经过一个从生到死的过程,只不过它的寿命要比整个人类的历史还要长得多。我们都知道一个婴儿是怎样诞生的,那么恒星又是怎样“生”出来的呢?

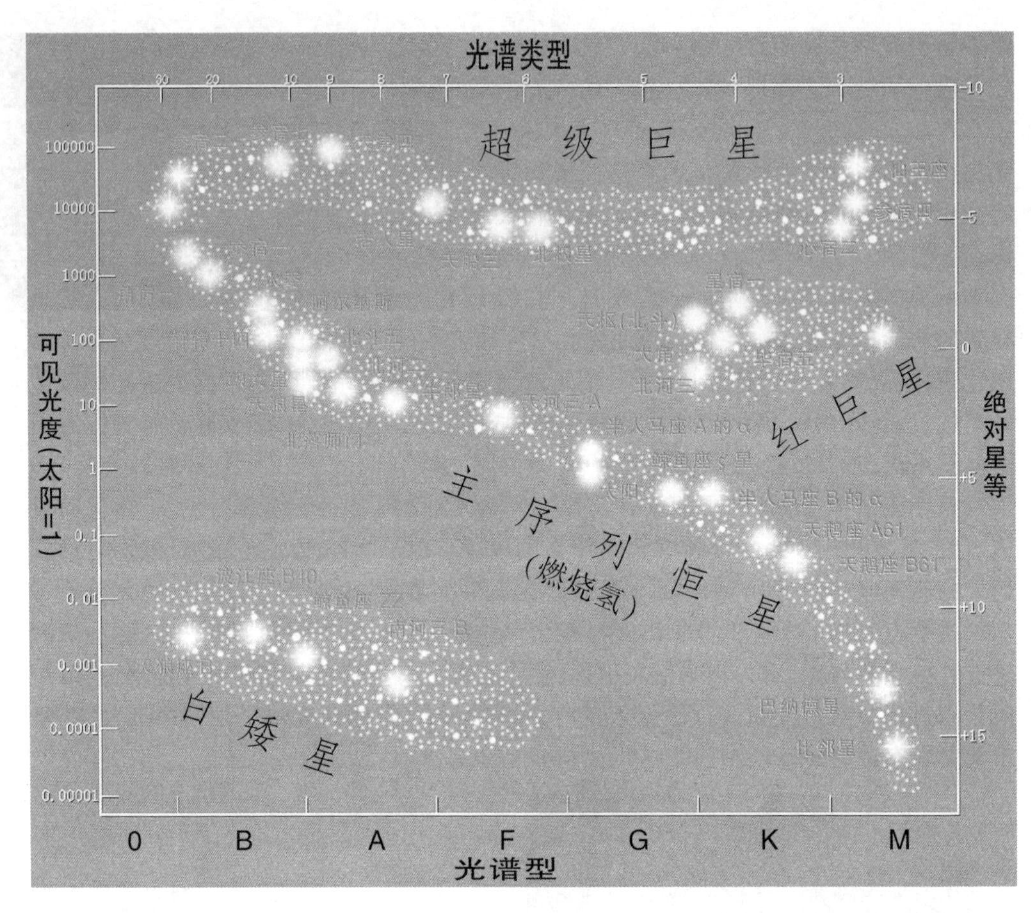

有一种观点认为，恒星是通过某种极巨大的超密态的“星胎”剧烈爆发而集体形成的；而另一种观点认为，恒星是由星际的弥漫物质，如尘埃、微粒、某些元素及其分子集聚而成的。这两种学说是完全对立的，而且都有理论和观察依据，但目前大多数天文工作者倾向于后一种说法。

宇宙空间的弥漫物质怎么会形成恒星呢？一般来说，星际物质的分布是不均匀的，有的地方密一些，有的地方疏一些，密的地方物质之间的引力大一些，但还是不足以收缩形成原恒星。由于外界出现某种扰动，向星际云输入一定的能量，使原先密度比较大的地方密度更大，当密度

科学已揭之秘

赫罗图

赫罗图是20世纪初由丹麦天文学家赫茨普龙和美国天文学家罗素各自创立的。赫罗图又叫“光谱—光度图”。根据恒星在赫罗图上的位置，就可以知道恒星正处在演化的什么时期，根据恒星演化过程中其坐标点在赫罗图上的移动轨迹，还可以估计出恒星的质量大小。

大到一定程度时，自身引力变大，于是大的星际云就分裂成许多密度大的小星际云，继续收缩下去，就形成了许多原恒星。

原恒星似云非云，似星非星，其内部的压力和温度都在逐渐上升。当温度升高到几百摄氏度时，原始恒星就能向外放射出红外线，被称为红外星。红外星进一步收缩，内部温度上升到两三千摄氏度，内部压力增大，已能和外部引力相抗衡，收缩速度开始减漫。随着星体的缓慢收缩，星体内部的温度也慢慢上升。当温度上升到 10000℃左右时，恒星内部的热核反应开始，一颗光芒四射的恒星就正式诞生了。像太阳这么大的恒星，一般需要几千万年的缓慢收缩才能最终形成。

在研究恒星的演化过程中，赫罗图起有重大的作用。在赫罗图上，绝大多数恒星位于从左上端到右下端的一条斜带内，这条斜带叫主星序，位于主星序中的恒星叫主序星。恒星诞生后，就进入主星序，随着年龄的不断增大，它在主星序中的位置也逐渐从右上方向左下方移动。处于主序星阶段的恒星，内部进行着氢聚变成氦的热核反应，因而释放出高额能量。在这一阶段里，恒星内外部的压力和引力势均力敌，所以它既不收缩也不膨胀，这是恒星的青壮年时期，也是恒星一生中最长的阶段，太阳停留在主序星阶段的时间大约为 100 亿年，质量比太阳大 15 倍的恒星，这段时间只有 1000 万年，而质量仅为 1/5 太阳质量的恒星，在主序星阶段的逗留时间却长达一万亿年。

度过主序星阶段后，恒星就逐渐衰老了。这时，它内部的热核反应逐渐停止，外层突然膨胀，表面积迅速增大，因而光度变大，但是温度降低，于是恒星向红巨星演化。在赫罗图上，这颗恒星的位置就从主星序向右上方移到红巨星区域。红巨星是恒星的老年阶段。

当红巨星内部的氦也全部烧尽后，它就开始走向毁灭。一般来说，主序星演化到最后可能有三种归宿：第一种是小质量的恒星演化成白矮星；第二种是中等质量的恒星演化成中子星；第三种是大质量的恒星最后演化成黑洞。

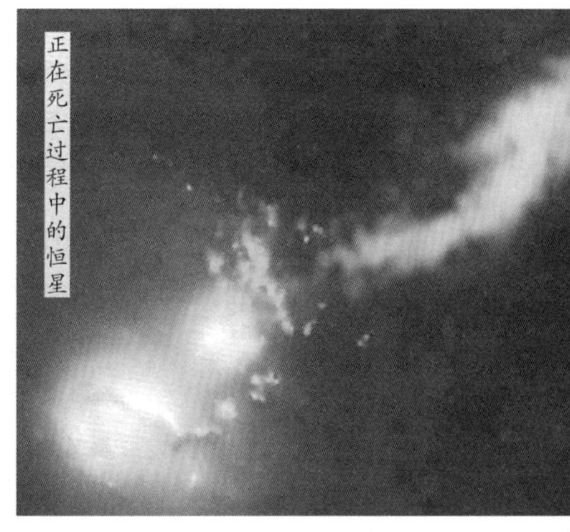
正在死亡过程中的恒星

从赫罗图上看，绝大多数恒星都分布在主星序上，这说明大多数恒星目前都处在青壮年时期，这也说明我们的宇宙目前还处于青壮年时期。

根据天文学家的精心描绘，我们不仅知道了恒星是怎样形成的，也知道了它整个一生的演化过程。然而，以上描绘是否完全符合实际情况，还需要天文学家继续进行理论探讨和实际观测，这样才能彻底揭开恒星从诞生到死亡的演化之谜。

星系的质量丢失在哪里？

质量是星系的一个重要物理特征，可是天文学家至今也未能准确地把它测定出来。比如,有人曾用两种方法仔细计算过银河系的质量:一是计算出邻近恒星的总引力,二是叠加恒星及其太阳周围星际物质的作用力。但是,这两种计算结果很不符合,人们直接探测到的星际物质只能提供恒星实际引力的一半。

一般来说,星系的光度越大,说明它的质量也越大。根据星系的光度和质光比(质量和光度的比值),就可以算出星系的质量,这是光度质量。星系又是一个由引力相互作用维持的系统,在这个系统中,总功能和总势能之间存在着一定的关系,可以用维里定律来表示。根据维里定律可以算出星系的质量来,它叫维里质量。另外,从天体运动在力学上的稳定性上,也可以算出它的质量。根据天体环绕运动的速度和圆周运动半径,也可以估算出天体的质量。

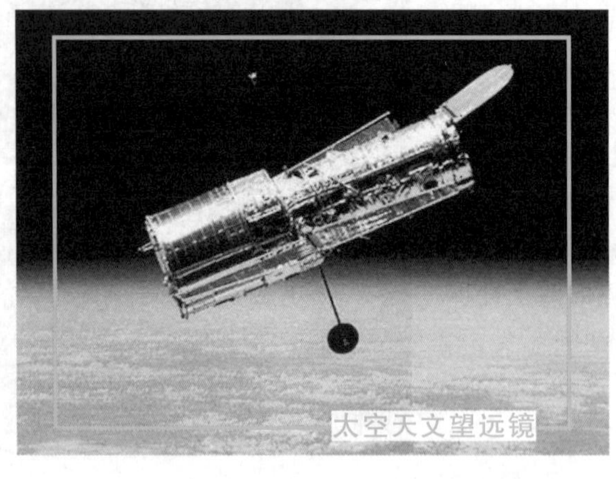
太空天文望远镜

然而,用这几种方法测得的星系质量数值相差很大。这种差别固然与测量方法不同有关系,但更根本的原因可能在于星系或星系团中有许多看不见的质量。这就是天文学上长期以来一直没有解决的“质量丢失”的难题。

那些看不见的质量究竟在哪里呢？天文学家对此提出了很多解释和猜测，找出了很多种原因来。很多人认为，看不见的质量在于星系间大量存在的棕矮星，它是一种生来就静止的恒星，是氢的气态球，其质量少于 0.085 个太阳质量，因而其中心温度不会高到可以产生核反应的程度，所以不能像恒星那样发光。另外，这些不可视物质也可能是一些小黑洞，但目前还不知道它们分布在什么地方。

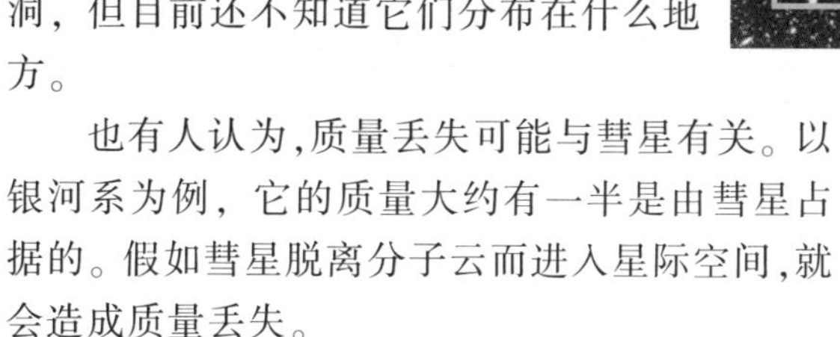

也有人认为，质量丢失可能与彗星有关。以银河系为例，它的质量大约有一半是由彗星占据的。假如彗星脱离分子云而进入星际空间，就会造成质量丢失。

有些天文学家对 105 个星系及其伴星系的速度弥散情况进行了分析，发现那些看不见的质量应该分布在星系可见部分之外，形成了一个占据相当大空间范围的气体包层，可以叫它星系冕。星系冕的质量非常巨大，估计主要是由中性氢、电离氢、尘埃物质和弥漫气体等组成。

在宇宙生成早期的许多物理过程中，都会产生一种名叫中微子的东西。它的穿透力很强，能穿过 1000 个地球而不被阻挡。也就是说，它不易与其他物质相互作用，一经产生就会在宇宙中游荡，所以宇宙中应该充满了中微子。过去，人们一直以为中微子与光子一样，是没有静止质量的。可是后来科学家们发现，中微子似乎也有静止质量，约 34 电子伏特，即 7×10^{-32} 克。这个数字虽然很小，但宇宙中所有的中微子加起来质量就极为可观了。有人估计，中微子的质量约占宇宙中物质总质量的 99%，它可能是宇宙中最大的一笔丢失的质量。

科学已揭之秘

星系团

星系团即星系集团，由十几个、几十个甚至成百上千个星系集聚在一起组成，相互之间有一定力学联系。成员数目较少(不超过 100 个)的星系团一般被称为星系群。目前已发现上万个星系团，距离远达 70 亿光年之外。至少有 85%的星系是各种星系群或星系团的成员。星系团按形态大致可分为规则星系团和不规则星系团两类。规则星系团以后发星系团为代表，大致具有球对称的外形，有点儿像恒星世界中的球状星团，所以又可以叫球状星系团。不规则星系团又称疏散星系团，它们结构松散，没有一定的形状，也没有明显的中央星系集中区，例如武仙星系团。

褐矮星是什么样的天体?

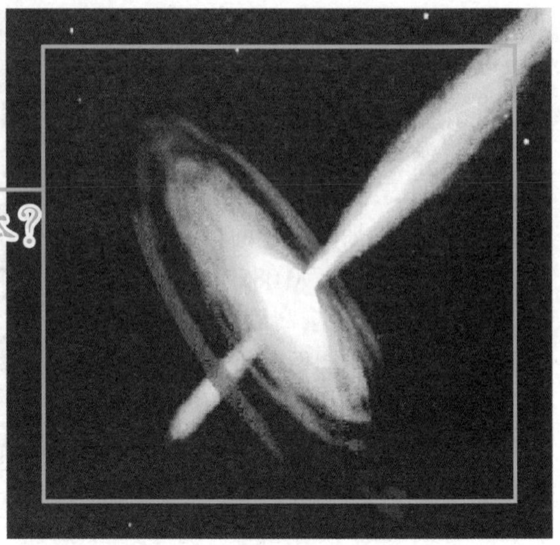

恒星中有许多“矮子”,它们的光度与体积都很小,因此叫作矮星。矮星有很多种,如白矮星、红矮星、黑矮星等。后来又冒出一个褐矮星,这是一种怎样的天体呢?

荷兰天文学家范比斯布罗克在研究太阳附近的星球时,曾编制了一张星表。这个星表以他本人姓名的缩写命名,称为VB星表。排在这张星表上的第八号星叫VB8。在研究这颗恒星的运动时,人们发现它似乎受到了一颗未露面的暗星的引力影响。1984年,美国亚利桑那大学的天文学家使用配备有红外线传感器的天文望远镜,终于观测到了这颗暗星,把它命名为VB8B,意思是VB8的伴星。

VB8B的直径大约为12.5万千米,光度极低,发光的本领只有太阳的万分之一,用一般的天文望远镜很难见到它的踪影。从光谱和光度分析得知,它的表面温度仅为1100K左右,比已知的任何一颗红矮星都冷。它发出的光是红褐色的,因此被称为褐矮星。

根据矮星的演变过程,有人认为褐矮星就是老年的红矮星,它的温度之所以比红矮星低,那是因为星体内部的热核燃料已经消耗殆尽。

与之相反的意见认为,褐矮星是一种质量特别小的年轻黑矮星,它的温度之所以特别低,那是因为它的质量小于恒星的质量,所以就达不到激发热核反应所需要的温度。

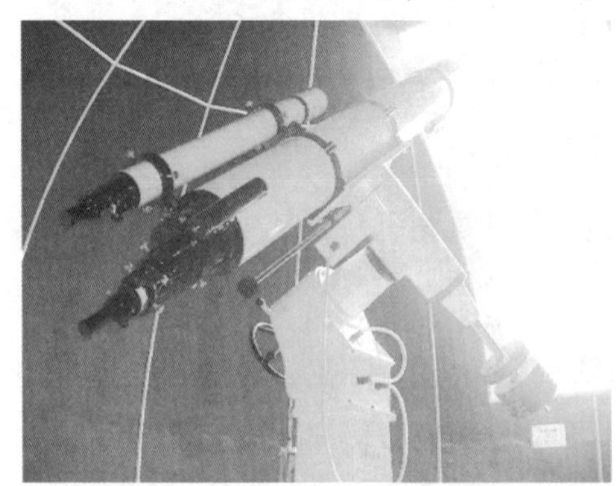

说它是红矮星,可是它的光谱中的某些原子和分子的吸收线却与低光度的红矮星不同;说它是黑矮星,它又没有发光能力。这又是为什么呢?

一些天文学家认为,褐矮星可能是质量不够恒星标准的星际物质在引力坍缩作用

科学已揭之秘

矮星的演化

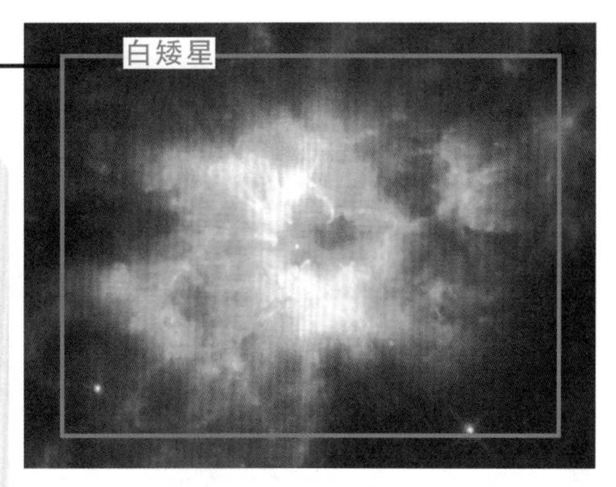

矮星是恒星演化到晚年才形成的。当恒星内部的一系列核反应停止或接近尾声时，它外层的物质挡不住中心的引力便发生收缩，在收缩过程中会释放出大量能量，使其表面温度达到10000K以上，颜色发白，这就是白矮星。白矮星形成后，会像铁水开始凝结成铁块一样，温度逐渐降低，颜色发红，这就是红矮星。红矮星最后会演变成黑矮星，就是丧失发光能力的矮星。

下形成的，因此把它称为“失败的恒星”。某个天体的质量小于太阳质量的1/12后，由引力收缩产生后的温度和压力不会很高，就不能引起氢聚变成氦的热核反应。褐矮星的质量只有太阳的1/10，其内部不可能进行由氢聚变成氦的热核反应，它的发光能力来自别的热源。有人认为，褐矮星内部进行的是氘（又称重氢）聚变反应，它很可能是依靠这种反应所提供的能量发光的。氘聚变反应所需要的温度要比氢聚变反应所需要的温度低得多。不过，宇宙中的氘很少，因此褐矮星的氘聚变反应在经过几百万年后就会因为氘燃料枯竭而终止。那时候褐矮星的温度就会进一步降低，最后完全冷却，成为一颗不能发光的黑矮星。

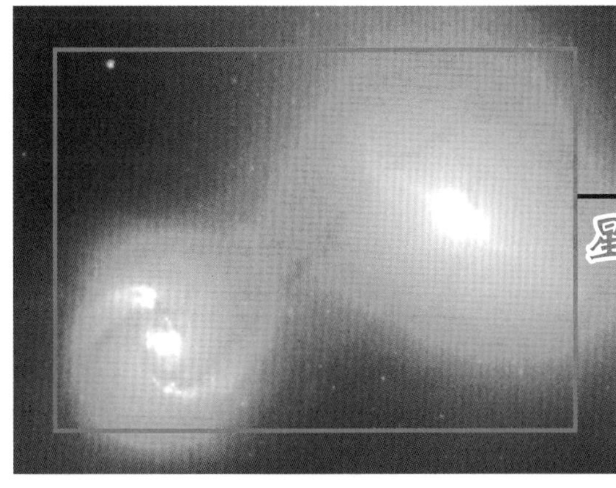

科学未解之谜

星系合并是怎么回事儿？

天文学家在观测中发现，星系很少有单独存在的，它们往往有成群成团的趋势，也常常像恒星一样，组成双星系、三星系、四星系等，其中两个星系相互靠近的情况最为有趣。例如，一个被定为M51的星系在其伴星系NG51的引力扰动下，一个旋臂偏离了正常位置，直奔NG51而去，并且在此旋臂上，还有许多年轻的恒星。另外有一个外貌非常特殊的星系M82，它是由两个非常接近的星系构成的，每个星系带有一个由恒星和星际物质组成的“尾巴”，它们拖在星系之后，一直延伸到

星系碰撞

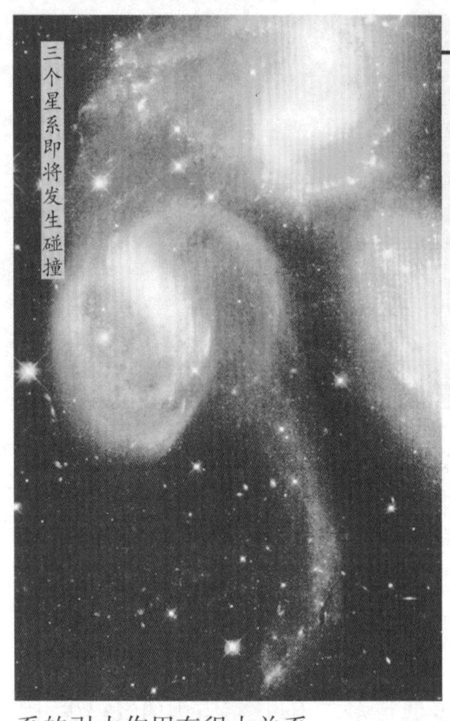

三个星系即将发生碰撞

美国天文学家借助斯皮策太空望远镜，成功地观测到了四个巨大的星系团相互发生碰撞。这四个星系中的三个有银河系那么大，另一个大小则相当于银河系的三倍。在星系碰撞期间，抛射出了数十亿颗较老的恒星，最终将有一半的恒星重新形成一个新的星系团。这四个星系碰撞后将最终合并成一个单一的巨大星系，质量大小约为银河系的10倍。天文学家预测，50亿年后，银河系将和仙女座发生碰撞，合并成一个新的星系。

几个星系直径之外。科学家认为，这是由于两个星系的相互作用形成的。由此看来，星系间有可能发生合并现象，而这种壮观的事件，与邻近星系的引力作用有很大关系。

近年来，通过用计算机对天体系统进行模拟，证实了双星系的相互作用。当一大一小两个星系靠近时，小星系能从在星系外侧拉出一些物质而形成“桥”。两个质量相近的星系在相互环绕旋转时，互相靠近一侧的数十亿颗恒星会被拽离原来的轨道，形成一个长长的尾巴。

以上研究成果证实了星系合并的可能性，那么星系合并的概率有多大呢？科学家们通过对一些旋涡星系的观测发现，在比光学半径远几倍的地方，氢云的旋转速度并不因远离星系中心而变慢，科学家们因此猜测旋涡星系中一定存在着尺度很大的暗星系晕。星系的真正半径可能远远超过光学半径，所以星系合并的概率也一定比原来的估计大得多。

美国天文学家图姆尔也曾推测过星系合并的概率。他在列入星系表的亮星系当中，找出了许多相互作用很强的星系。由于“尾”、“桥”等结构不稳定，估计它们的寿命不及星系寿命的1/40。如果它们是正在碰撞的星系，并假定星系碰撞的概率不变，那么可以推算出，自星系形成以来已有400个以上的星系曾与其他星系相碰过。考虑到宇宙处于不断膨胀之中，在遥远的过去，星系团中星系密度更高，因而星系相碰的概率将会更高。由此，图姆尔提出了一个惊人的结论：全部亮椭圆星系都是由两个以上的旋涡星系合并而成的。

以上结论和设想引起了很多争论。在此之后,人们又开始进行数值模拟研究,试图得出合并而成的星系应具有的性质。

最初人们想到了合并星系的外貌形状,一个似乎想当然的解释是,星系在旋转中将赤道地带向外甩出而呈球形。但这种解释受到许多观测者的怀疑。后来对星系自转速度的测量表明,它们的转动速度远比上述理论所预计的慢得多。有人认为,这是由于星系在多次合并时不同方向的旋转角动量可以互相抵消,从而形成亮椭圆星系旋转速度较慢的特性。

后来,有人对合并星系的亮度分布和出现形式进行了研究,提出了很多新颖的观点,但都因为存在一些无法解释的疑点而不能被人接受。

总之,已有的科学研究成果表明,星系的活动情况与邻近星系的干扰有密切联系。尽管对星系合并过程所做的数值模拟工作取得了一些成功,但由于这一过程十分复杂,并且研究工作仅限于假设条件下,所以得到的结果也只能是粗浅的。

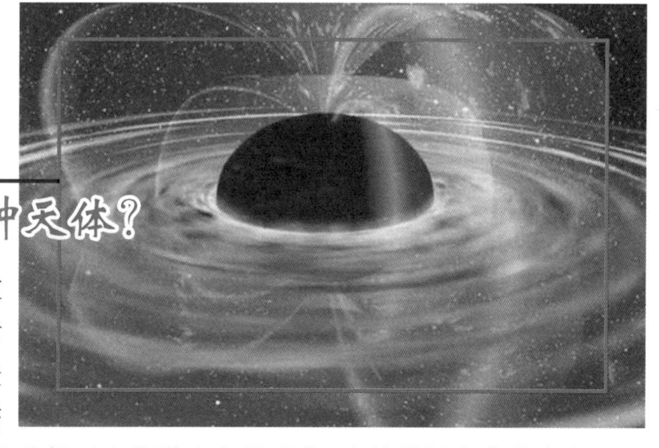

科学未解之谜

黑洞是怎样的一种天体?

早在1916年,德国科学家许瓦兹就根据爱因斯坦的相对论,做出这样的预言:当某个天体的体积不断缩小,即它的密度得到增大时,该天体的任何物质都无法挣脱出它的引力,当然外界发来的光也无法反射回去,这时候天体在外界看来完全是一个"黑"的天体。他还推算出了这种缩小后的体积的上限。

令人惊奇的是,许瓦兹的这一结论竟与1798年法国天文学家拉普拉斯根据牛顿力学所做出的预测相差无几。拉普拉斯认为,如果某一天体要使其本身的光发不出去,则该天体的半径必须小到一定程度,这时外界就无法看到它。又因其密度极大,能产生强大的吸引力,不断将周围的天体吞食掉,恰似一个永填不满的无底洞。1969年,美国物理学家约翰·惠勒将这种贪得无厌的空间命名为"黑洞"。

关于黑洞的预言出现后,当时并未受到世人的注意,因为这种天体的密度实在大得令人难以置信。科学发展至今,白矮星和中子星的存在已被确认,中子星的密度可达1亿吨/厘米^3,所以黑洞的存在已不再是不可思议的了。

那么，这种密度极大的奇异天体是如何形成的呢？科学家认为，同任何事物一样，恒星也有其产生、演化和消亡的过程。一个正常的恒星相对来说是比较稳定的，其存在过程也是漫长的。在此期间，恒星内部的核热力与外部的向心重力相互抵抗，呈平衡状态。但是当恒星内部的核物质消耗殆尽，即热辐射等产生的向外压力消失时，在强大的外力压迫下，该恒星的物质结构遭到破坏，就会产生收缩现象，大量的物质迅速向核心坠落，在核心附近形成高密度的物质团——恒星残骸。在这个过程中，由于大量的原子结构遭到破坏，必然引起恒星表面的原子爆炸，将一部分物质抛向太空。这就是我们观测到的新星爆发，其残骸部分就会形成白矮星或中子星以至黑洞。

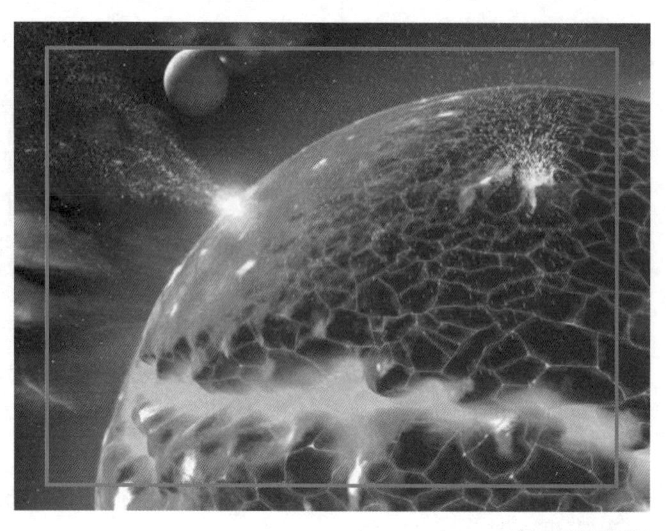

虽然黑洞问题在理论上提出来已有近一个世纪了，并且许多科学家在这方面做了大量的研究，但至今仍无足够的证据来证明它的存在。

即使黑洞的存在是事实，可疑之处仍然不少。首先，黑洞的温度不可能是绝对零度。如果黑洞本身的温度低于周围环境的温度，它从周围环境中吸取能量，这是正常的。如果它的温度高于周围环境，它显然要放能量，而这与黑洞的定义相矛盾，也不符合热力学定律。对此，科学家们很难找到合理的解释。

其次，黑洞的内部会是怎样的呢？它的密度是否均匀呢？从理论上说，当一个天体的半径小到某种程度时，其体积将会无限地收缩下

信不信由你

虫洞·黑洞·白洞

虫洞理论是由爱因斯坦最早提出来的。虫洞是什么呢？简单地说，虫洞就是连接宇宙遥远区域间的时空细管，它可以把平行宇宙和婴儿宇宙连接起来，并提供时间旅行的可能性。虫洞连接着黑洞和白洞，在黑洞与白洞之间传送物质。物质在黑洞的奇点处被完全瓦解为基本粒子，然后通过虫洞（爱因斯坦—罗森桥）被传送到白洞并且被辐射出去。据科学家观测，宇宙中充斥着数以百万计的虫洞，但很少有直径超过10万千米的，而这个宽度正是太空飞船安全航行的最低要求。假如虫洞真的存在，把虫洞打开，强化它的结构，就可以使太空飞船在一瞬间就能到达宇宙中遥远的地方。

去，当体积收缩至零，密度为无穷的一点时，该点称为极点。在人类可察的空间中，还没有这种极点存在。所以黑洞内部的情形无从观察，并且“古怪极点”也成了黑洞带来的一个永久性疑问。

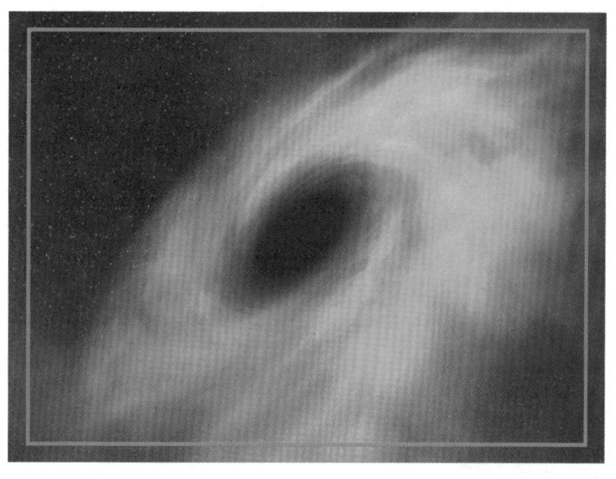

另外，根据通行的黑洞理论，这个可以吞噬一切的无底黑洞是没有磁场的。而英国的一个研究小组动用14部天文望远镜，对距离地球90亿光年以外的类星体进行观察，却发现这个类星体的中央周围有一圈碟形的物质形成的洞，它是由一个强力磁场喷发出大量物质形成的，其中有许多等离子形成的奇特圆球体，类星体中央带有磁力的等离子球体的存在，就排除了黑洞的可能。而此前很多科学家一直相信，类星体的中央便是黑洞。

对于黑洞的前途，人们也无法推测，它是永远保持原来的状态，还是会在一定的阶段产生出另外一种新的形式呢？在第一种情况下，各种天体都不是绝对稳定的，在将来的某一天，整个宇宙将变成一个特大黑洞。如果是后一种情况，黑洞将会以何种新形式出现呢？它的转变形式的巨大动力来自哪里呢？前者似乎让人无法接受，后者又让人觉得不可解释。

总之，黑洞的奇异性质引起了天文学家越来越大的兴趣，国内外对黑洞的研究也不断地得到深入发展，黑洞之谜最终会被逐步揭开的。

信不信由你

黑洞的新发现

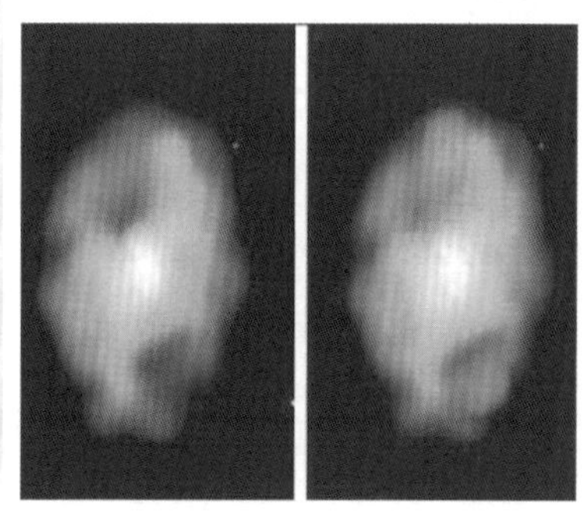

1994年2月27日，哈勃望远镜携带的广视野星际照相机摄取了室女星座中M87星系中心存在旋涡状气体云盘的照片。科学家运用哈勃望远镜上的摄谱仪，测出了相应的『蓝移』和『红移』值，确定气体的移动速度在每秒550千米左右。通过计算，天文学家认为，促使云盘高速旋转的盘状区域中心存在着质量相当于300亿个太阳，而体积却不超过太阳系大小的致密天体。鉴于周围并不存在产生如此巨大引力的其他天体，唯一的解释是致密天体就是人们长久寻找的黑洞。

科学已揭之秘

霍金辐射

1975年,霍金发表了一个令人震惊的结论:如果将量子理论加入进来,黑洞好像不是十分黑。相反,它们会轻微地辐射出光子、中子和少量的各种有质量的粒子。这就是“霍金辐射”。按照霍金的预测,一个不吸收任何物质的黑洞会慢慢辐射其质量,开始很慢,但越来越快。最后,在其灭亡的一瞬间将像原子弹爆炸那样放出耀眼的光芒。

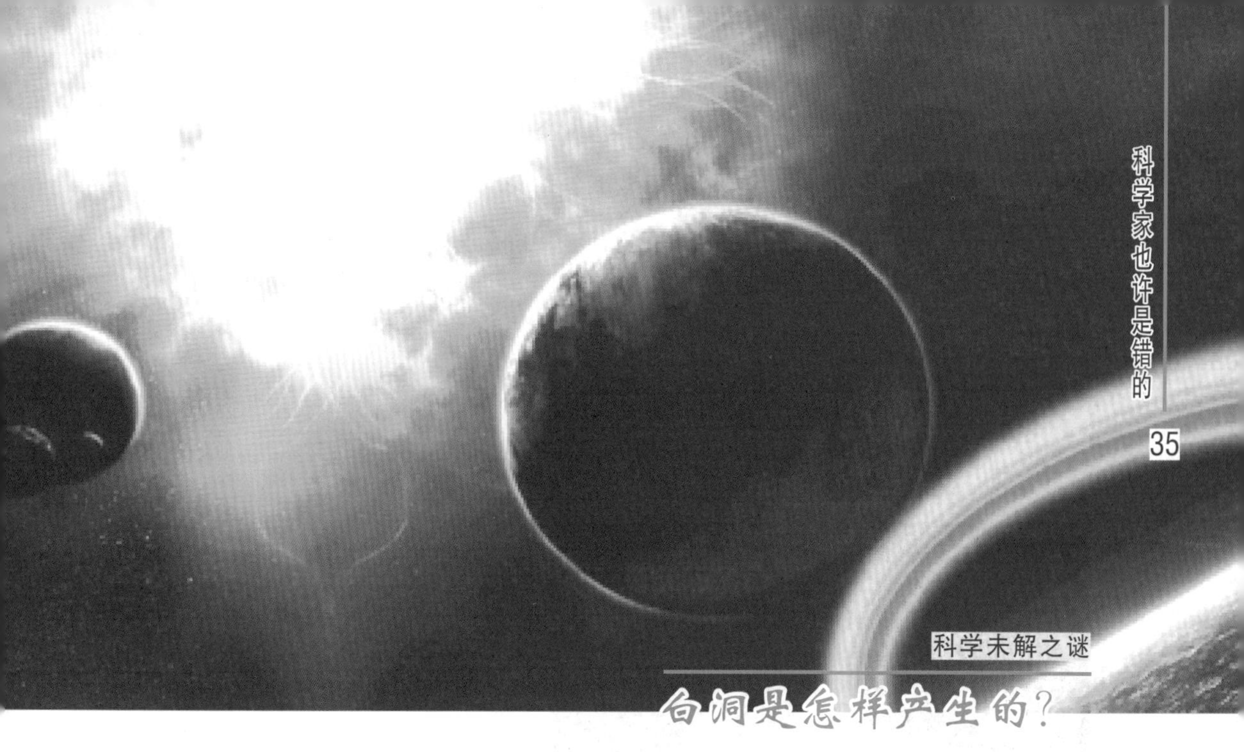

科学未解之谜

白洞是怎样产生的?

白洞和黑洞,都是根据爱因斯坦的引力理论——广义相对论推测出来的一种奇特的天体。黑洞的基本特征是任何物质只能进入它的边界——“视界”,而不能从边界内跑出来。白洞正好和它相反:白洞内部的物质可以流出边界,外界的物质却不能通过它的边界进来。也就是说,白洞可以向外界提供物质和能量,却不能吸收外部的任何物质和辐射。如果说黑洞是太空中“最自私的怪物”,那么,白洞就该算是宇宙中“最慷慨的天体”了。

那么,白洞是怎样形成的呢?

科学家们认为有两种可能性。第一种可能性是白洞直接由黑洞转变而来,白洞中的超密度物质是原先因引力坍缩而成黑洞时造成的。原来,黑洞也有两方面特征,但由于没有任何力量能与黑洞的巨大引力相对抗,因此黑洞的物质就成了“只进不出”。但是,自从 20 世纪 70 年代以来,以全身瘫痪而思维异常敏捷的英国物理学家霍金为首的科学家们又发现,黑洞总有另一种出乎意料的特征,即它会像“蒸发”那么稳定地向外发射粒子。考虑到这种“蒸发”,黑洞就不再是绝对的“黑”了。

霍金还证明,每个黑洞都有一定的温度,而且温度的高低和黑洞的质量成反比。也就是说,大黑洞的温度很低,蒸发也很微弱;小黑洞的温度很高,蒸发也很强烈,类似剧烈的爆发。一个质量像太阳那么大的黑洞,大约需要 1×10^{66} 年才能蒸发殆尽;但是原生小黑洞却会在(1×10^{22})分之一秒内蒸发得一干二净。蒸发使黑洞的质量越来越少,质量减少又使黑洞的温度升高;温度高了,蒸发又进一步加快……如此这样反复下去,黑洞的蒸发就会越来越激烈,最后终于以一场猛烈的爆发而告终。这就是不断向外喷射物质的白洞了。

形成白洞的另一种可能性，是苏联学者诺维柯夫提出来的。他认为，宇宙在最初的大爆炸中，由于爆发是不均匀的，有些密度极高的物质没有立刻膨胀开来。它们过了好长一段时间才爆炸，成为一些新的膨胀核心。物质源源不断地从这些区域往外涌出，就成了一个个白洞。有些爆炸延迟了上百亿年，它们就是今天观测到的某些奇特的天体。

这些理论都有一定的道理。但是，宇宙中是不是真的有白洞呢？如果白洞当真存在的话，它们又是怎样形成的呢？在没有寻找到更多的更有力的天文观测证据之前，这些问题只能是深奥而有趣的疑问。

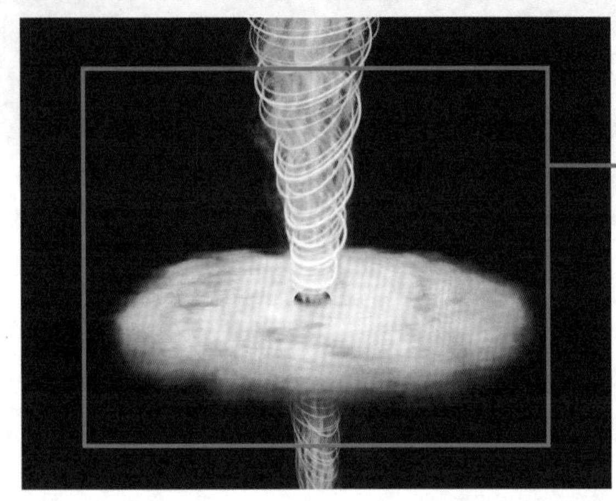

科学未解之谜

类星体究竟是什么？

1960年，美国天文学家桑德奇发现，在一个名叫3C48的天体光谱中，有一些又宽又亮的放射线，它们在光谱中的位置很奇怪，所以长达三年之久始终没被人识别。1963年，美国天文学家马丁·施米特又发现，3C273这个天体的光谱也和3C48相似。他详细地研究了3C273的光谱，结果惊奇地发现，那些奇怪的放射线原来就是普普通通的氢光射线，但它们具有非常大的红移现象。新发现的这类天体即使用大型望远镜观测，也仅仅是类似恒星的微小光点。它们的红移意味着距离极其遥远，因此绝不是银河系内的恒星。人们为它起名为“类星体”，意思是“类似恒星的天体”。现在，科学家们已发现的类星体多达几千个，而且总数还在不断增加。

类星体究竟是什么呢？

多数科学家认为，类星体是星系一级的天体，它那么遥远但仍能被人们观测到，这表明它的发光能力一定强大得出奇——比普通的星系要强成千上万倍。人们原先无法想象它们巨大的能量究竟来自何方，因而就把这个难题叫作类星体的“能源困难”。后来，有些科学家推测：类星体中间有一个大质量的黑洞，这个黑洞以不可抗拒的强大引力吞噬着周围的物质，同时释放出巨额的能量。如果这个假设能够成立，那么，“能源困难”的问题就迎刃而解了。但可惜的是，这仅仅是一种猜想而已。

除此之外，关于类星体还有许多其他争议，其关键问题在于它们究竟是否那么遥远。类星体的距离是根据它们的红移推算出来的。早在1929年,美国天文学家哈勃就发现,一个星系光谱红移的多少与这个星系的距离成正比,这就是著名的哈勃定律。星系光谱红移的起因是运动光源的“多普勒效应”,即星系都在远离我们而去。既然类星体也是星系级的天体,人们自然会猜想哈勃定律必然也适用于它们。因此,只要测量出类星体光谱线的红移量,就可以推算出它们的距离了。

但是,类星体的光谱线量实在是太大了。如果用“多普勒效应”来解释,那么许多类星体就在以每秒几万千米、十几万千米,甚至以接近光速的巨大速度远离我们而去。这样,根据哈勃定律推算,它们的距离就应该是远达数十亿甚至上百亿光年,正因为距离如此遥远,看起来又相当明亮,才造成了“能源困难”。所以有人怀疑:类星体是不是真的那么遥远?用巨大的退行速度来解释类星体的红移究竟是否合理?

类星体本身至今还是一个谜,它们的光谱线红移的起因就成了谜中之谜。天文学家要回答这个问题,大概需要极其漫长的时间。

科学已揭之秘

天文学四大发现

20世纪60年代天文学取得了四项非常重要的发现:脉冲星、类星体、宇宙微波背景辐射、星际有机分子。这四项发现都与射电望远镜有关,因此又被称为20世纪射电天文学四大发现。

科学未解之谜

类星体光谱线红移究竟是怎么回事儿?

在大型天文望远镜拍摄的照片上,类星体就像恒星那样是一个亮点。但类星体光谱线红移却比任何其他天体都大得多。这种大得出奇的红移是怎样造成的呢?关于这个问题,科学家们做出的回答主要有三种。

第一种观点是“宇宙学红移”理论。人类迄今所观测到的宇宙，整个都在膨胀着，这种膨胀使得宇宙中的星系彼此相互远离开来。从地球上看，它们正在以巨大的速度朝四面八方往后退，退行的速度越大，星系光谱线的红移就越大。这种由宇宙整体膨胀引起的红移，被称为宇宙学红移。大多数天文学家认为，类星体的红移与星系的红移一样，也是宇宙学的红移，只是类星体的退行速度比星系更快罢了。由于这种红移的大小与类星体退行的速度成正比，所以又称为“速度红移”。

第二种观点是“引力红移”理论。这种理论认为，类星体的光谱线红移的起因并不是它们正在高速离去，这也许是“引力红移”。所谓“引力红移”，这个名词是 20 世纪初在爱因斯坦创立广义相对论后提出来的。意思是说，处在引力场中的光源发出的光谱线会发生红移，引力场越强，红移也就越大。有的天文学家认为，类星体光谱线红移，正是因为它们处在强大的引力场中造成的。

第三种观点是“内禀红移”理论。“内禀红移”和“引力红移”这两种理论又被称为“非宇宙学红移”理论。“内禀红移”理论认为，类星体光谱线的红移是类星体本身的内在性质决定的。但这种内在性质究竟是什么？它是怎样造成了这样大的红移？谁也无法回答这些问题。

目前，绝大多数的科学家认为，类星体光谱线的红移本质上是宇宙学红移，也就是由于宇宙膨胀而造成的巨大退行速度。也有一部分天文学家坚持认为这是非宇宙学红移。还有一些天文学家认为，类星系光谱线的红移，具有宇宙学红移的成分，也有非宇宙学红移的成分，它们不是势不两立的，而是相辅相成的。

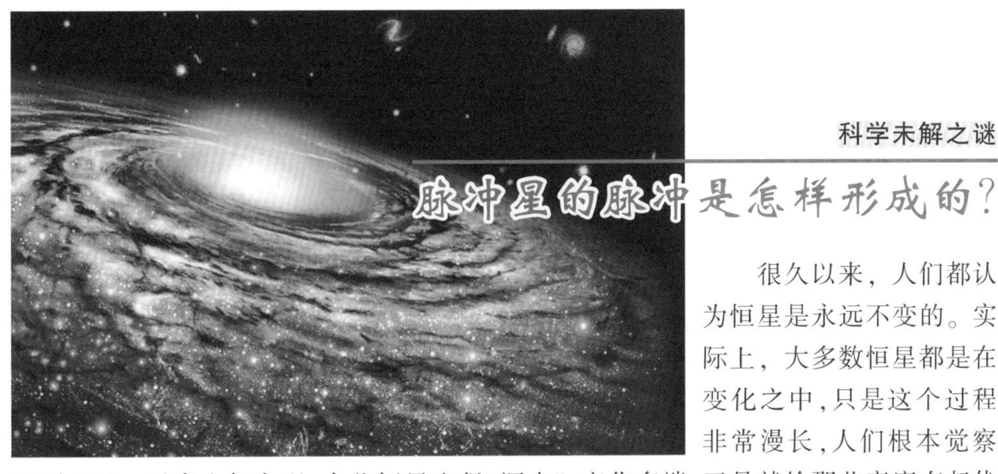

科学未解之谜

脉冲星的脉冲是怎样形成的？

很久以来，人们都认为恒星是永远不变的。实际上，大多数恒星都是在变化之中，只是这个过程非常漫长，人们根本觉察不到而已。后来人们发现，有些恒星也很“调皮”，变化多端，于是就给那些亮度有起伏变化的恒星起了个专门的名字，叫“变星”。

脉冲星就是变星的一种。因为这种星体不断地发出电磁脉冲信号，人们就把它命名为脉冲星。脉冲星刚被发现的时候，人们以为那是外星人向外发射的电磁波，以寻求宇宙中的知音。于是，第一颗脉冲星就被命名为“小绿人一号”。

经过天文学家的努力，终于证实脉冲星就是正在快速自转的中子星。中子星很小，直径一般只有 10 千米，质量却和太阳差不多，是一种密度比白矮星还高的超密度恒星。中子星的前身一般是一颗质量比太阳还大的恒星，它在爆发坍缩过程中会发生壮丽的超新星爆发，爆发后恒星的一部分变成气体的碎片，剩下的坍缩成快速旋转的中子星。

脉冲星最奇异的特性就是它短而稳的脉冲周期。所谓脉冲就是像人的脉搏一样，

信不信由你

发现脉冲星

1967年，英国剑桥新建造了射电望远镜，这是一种新型的望远镜，它的作用是观测射电辐射受行星际物质的影响。整个装置不能移动，只能依靠各天区的周日运动进入望远镜的视场而进行逐条扫描。这一天，女研究生乔斯琳·贝尔在纷乱的记录纸带上察觉到了一个奇怪的『干扰』信号：地球每隔1.33秒就会接收到一个极其规则的脉冲。贝尔立刻把这个发现报告给她的导师休伊什，休伊什认为这是受到了地球上某种电波的影响。但是，第二天，也是同一时间，也是同一个天区，那个神秘的脉冲信号再次出现。经过认真仔细的研究，贝尔和休伊什联名在英国《自然》杂志上报告了这一发现。1974年，休伊什获得了诺贝尔物理学奖。令人遗憾的是，脉冲星的直接发现者贝尔小姐却不在获奖人员之列。

一下一下出现短促的无线电信号。比如第一颗脉冲星，每两个脉冲间隔时间是1.337秒，其他脉冲还有短到0.0014秒的，最长的也不过11.765735秒。那么，这样有规则的脉冲究竟是怎样产生的呢？

根据现在最为流行的脉冲星模型——灯塔模型，脉冲星的射电脉冲是由于它的快速自转而发出的。为什么自转能形成脉冲呢？如果你有机会在夜间乘坐轮船航行，就会发现岸边灯塔的光芒在连续地一明一灭。出现这种情形的原因，就在于灯塔总是亮着的，而且在不停地有规则地运动，灯塔每转一圈，由它窗口射出的灯光就射到船上一次。脉冲星也是一样，它每自转一周，我们就会接收到一次它辐射的电磁波，于是就形成一断一续的脉冲。脉冲的周期，其实就是脉冲星的自转周期。

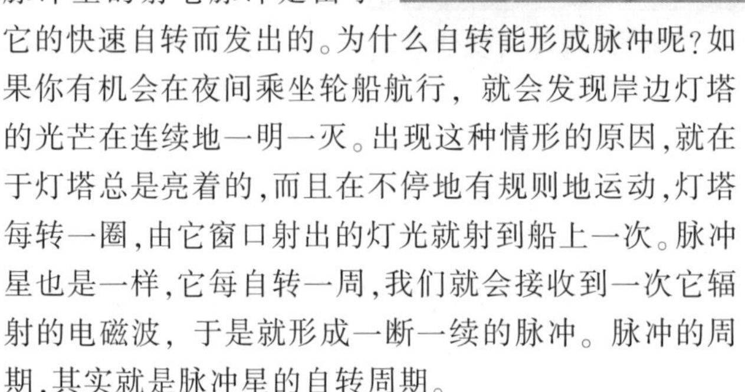

脉冲星的电磁波为什么只能从某个“窗口”射出来呢？原来，中子星与很多恒星不一样，比如太阳，它的表面到处都发亮，而中子星表面只有两个相对着的小区域是亮的，别的地方都是暗的。这是因为中子星本身存在着极大的磁场，强磁场把辐射封闭起来，使中子星的辐射只能沿着磁轴方向，从两个磁极区发出来，这两个磁极区就是中子星的“窗口”。

关于脉冲星还有一种磁场振荡模型，它认为脉冲是由中子星的磁场振荡形成的，但这种模型没有得到普遍接受。

不过，现在还不能说灯塔模型就是最终结论。由两个脉冲星形成的双星系统被发现后，天文学家曾根据灯塔模型预言它的脉冲轮廓形状会发生较快的演化，但经过观测发现，这种变化根本没有发生。由此推断，脉冲星的灯塔模型起码有不够完善之处。

信不信由你

愚蠢的一脚

就在贝尔小姐发现射电脉冲之前，有位射电天文学家也把他的射电望远镜对准了太空，他观测的位置是猎户座，那里有一个脉冲星。他发现自动记录仪在发生颤抖，而且这种颤抖是有一定规律可循的，但是他以为是自己的设备出了什么毛病，就对着仪器轻轻地踢了一脚，仪器的颤抖消失了。就这样，他与发现脉冲星的桂冠擦肩而过。

这愚蠢的一脚使他终生难忘，后悔不已。他向贝尔小姐讲述了自己的故事，却不愿意透露自己的身份。所以直到今天，也没有人知道这位天文学家是谁。

科学未解之谜

共生星的奥秘在哪里？

20世纪30年代，天文学家在观测星空时发现了一种奇怪的天体。通过光谱分析表明，它既是“冷”的，只有两三千摄氏度，同时又是热的，温度高达几十万摄氏度。也就是说，冷热共存在一个天体上。于是，天文学界将其定名为“共生星”。几十年来相继发现了近百颗这种怪星，许多科学家为揭开共生星之谜而耗费了毕生精力，但时至今日，人们也只是对它的某些方面有所认识，仍不能彻底揭开它的全部奥秘。

最初，一些天文学家提出了“单星说”和“双星说”。

“单星说”认为，这种共生星原本是一颗属于红巨星之类的恒星，它的生成时期比较晚，密度很小，体积却比太阳大出许多，表面温度只有两三千摄氏度。这种恒星又具有高温的特性，这是因为它的周围被一层高温星云包围着。但是这种高温包层来自何方呢？人们却无法解释。另外，太阳算不得共生星，可太阳表面温度与它周围的包层——日冕的温度也有巨大的差别，因而高温包层的说法难以解释共生星现象。

“双星说”认为，共生星是由两颗星体组合而成的，一个是冷的红巨星，另一个是热的矮星(密度大而体积小的恒星)。但在当时的观测手段下，人们还观察不到双星共同活动的迹象。

近年来，天文学家采用可见光波段对共生星进行了大量研究，发展了原来的“双星说”。通过测量证明，不少共生星的冷星都在有规律地运动，即环绕它和热星的公共质心做轨道运行，这有利于说明共生星是双星。因而，大多数天文学家认为，共生星可能是由一个低温的红巨星和一个温度极高的小热星以及环绕在它们周围的公共热星云包层组成。它是一种处于恒星演化晚期阶段的天体。

后来科学家们又观测到,有的共生星属于类新星,它们经常发生剧烈的活动,如恒星爆发等。由此某些天文学家推测,共生星中的低温红巨星或超巨星体积不断地膨胀,在膨胀过程中,其物质不断外逸,并被邻近的高温矮星吸引,吸引的过程中产生强烈的冲击波和高温。由于它们距离我们太远,我们区分不出是两个恒星,因而看起来像是热星云包围着一个冷星。

经过发展后的"双星说"获得了很多人的支持,但它并未最后确立自己的阵地。一些科学家以至今仍未观测到共生星中的热星为理由,指出热星的存在只不过是根据共生星外部的高温而进行的一种推论而已,难以令人信服。

天狼星为什么会变色?

天狼星是大犬星座中最亮的星,在整个天空中,它也是看起来比较亮的恒星之一,按其亮度可以排在第六位。它和地球相距 8.7 光年,又是离我们较近的恒星之一。

今天人们所看见的天狼星是白色的,而在古代巴比伦、古希腊和古罗马的典籍中记载的天狼星却是红色的。这是为什么呢?

有人认为,这不过是视觉假象造成的错觉。天狼星接近地平线,而接近地平线的星球让人看上去,总呈现出红色,就像朝阳和落日一样。但是,德国的两位天文学家斯第劳瑟和伯格曼却对这种传统的说法提出了异议。他们查阅了公元 6 世纪时法国历史学家格雷拉瓦·杜尔主教写给修道院的训示,其中谈到了天狼星的颜色是"红色的",而且"非常明亮"。这两位德国天文学家认为,在不同时期、不同国度的人们所看到的天狼星,都具有同样的颜色,这说明天狼星一定发生过重大变化,而不会是他们全都犯了视觉错误。

那么,天狼星发生过什么重大变化呢?1844 年,德国天文学家贝塞尔发现,天狼星在天穹上移动的轨迹是波纹状的,而不是像其他恒星那样沿着直线前进。贝塞尔认为,这种现象说明天狼星实际上是个双星,它们之间的相互引力使得天狼星一边旋转一边前进,所以看起来才像沿着波纹状的路线移动。

当时,人们还无法观测到天狼星的那个伴星在哪里。直到 1862 年,美国天文学家

克拉克在检验用当时最大的透镜（直径为 47 厘米）做成的望远镜的性能时，才在明亮的天狼星旁边发现了一个微弱的光点，它正好在预先推测的天狼星的伴星的位置上。这一发现证实了贝塞尔的预言。

天狼星的伴星是一个白矮星，它的表面温度很高，约为 2.3 万℃，因而呈白色或蓝白色，但是由于体积很小(其质量比太阳大，可半径比地球还小)，所以光度很小。在天文学上，这种光度很小的恒星被称为“矮星”，而白色的矮星就是“白矮星”。天狼星本身亮度非常微弱，它的颜色是由其伴星起主导作用的。

从现有的星球演变理论得知，白矮星是天体中一种变化较快的巨星，它的前期阶段是红巨星，那时候其核心温度可达 1 亿℃，当然是相当明亮的。随着它的内部燃料逐渐耗尽，它就暗了下来。这个过程需要几万年的时间。

如果天狼星的伴星处在红巨星阶段时，在它的照射下，天狼星当然会在人们的眼中变成又红又亮的星。随着它变成白矮星，天狼星也就会跟着改变颜色。假如真是这样的话，那么天狼星伴星的演变速度就不能不令人大为吃惊。仅仅在 2000 年左右的时间，它就从红巨星变成了白矮星，这在恒星演化史上是绝无仅有的。如果说这种情况不会发生，那么天狼星又为什么会改变颜色呢？很显然，这个问题还有必要进一步探讨下去。

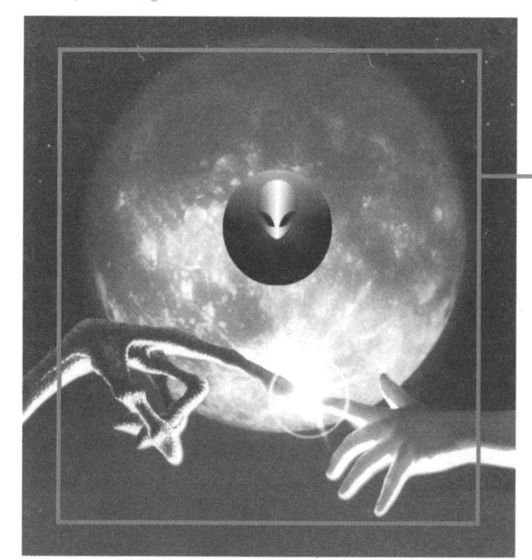

科学未解之谜

天外有人吗？

宇宙茫茫，人类会不会是其间唯一的孤儿呢？对这个问题持悲观态度的科学家认为，地球生命的起源是很多偶然因素促发的，在此之前和以后都不可能再发生。美国天文学家哈特断言：星系中没有智慧生物。假定他们飞越距离一光年之遥的某星球要 10 年，200 万年就

能横跨一个星系。那么为什么至今未见探险和移民呢?

这些科学家并不是武断地否认外星人的存在，而是进行了一系列的科学论证。他们认为,能够产生生命的星球非常稀罕，比我们原来的想象要少得多。地球上所以存在生命,因为它远远不是一颗普通的行星，它有许多独特之处,其独特的环境甚至可以用“绝无仅有”来形容,这是任何其他星球不可以比拟的。

地球拥有浩瀚的海洋和大气层,这在太阳系中是独一无二的。地球大气层中氧气的含量远远超过维持化学平衡的需要,这种不稳定状态是由植物的作用维持的,植物的作用避免了大量的二氧化碳的产生。氧为动物的繁衍生长提供了能量,并且它还形成并维持着臭氧层,使生命不至于因为没有遮挡的阳光中的紫外线造成致命的伤害。

地球最大的特点还在于它有一颗硕大的卫星——月球。在宇宙中,存在卫星的行星虽然不少,但从大小比例来看,像月球这么大的卫星却是绝无仅有。粗略地看,地球和月球更像是一对行星,其影响自然要深刻得多。月球的强大引力使地球上发生海洋潮汐,这对生物的进化有重要作用。另外,地球臭氧层的形成也与月球有着密切关系。凡此一切都表明,地球正因为有一个硕大的月球,才使生命的存在变为现实,而其他星球不可能具有相同的优越条件,所以它们无法回避强大的紫外线、宇宙辐射对生命的杀伤作用。

还有的科学家认为,即使外星球上存在着生命,也很可能是低等生物,生命并不意味着智慧。而且一般的智慧生物都不如人类,比如海豚,他们不可能也不知道怎样跟我们联系,所以我们很难寻找到他们。

但是对此持乐观态度的科学家也为数不少。在浩瀚无边的宇宙之中,地球只不过是其中微乎其微的一个分子,仅仅在银河系中,与太阳极其相似的恒星就至少有几十亿颗,这些恒星中,至少有数千万颗周围有行星环绕运行。根据概率原理推断,仅在银河系中存在生命的行星数目就应该是颇为可观的。而且,组成生命的配料十分简单:甲烷、水蒸气、氮、氨、二氧化碳、液态水,也许还有硫黄、黏土,通过闪电和紫外线的搅动,就会产生含有氨基酸的“原始生命浓汤”,地球上的生命就开始了。这个规律也适用于别的星球,自然界里只此一例的事物是从来也没有过的。

在宇宙中,恒星上的温度极高,不可能有生命存在,只有在那些不发光的、有固体表面的行星上,人才能生存。而且它围绕的恒星表面温度不能超过10000℃以上,否则强烈的紫外辐射会消灭一切生命。这个恒星又要比较稳定,不能忽冷忽热,不能忽远忽近。尽管条件这样苛刻,限制这样严格,但在银河系中带有符合住人条件的行星系的太阳型恒星就可能有上百万个(宇宙中有1000亿个星系),其中有一些应该存在文明世界。

“探索地球外的智慧”(SETI)的行动,早在第二次世界大战结束时就开始了。天文学家用刚刚诞生的射电望远镜探测太空时,他们惊奇地发现,宇宙中充满了类似地球上的雷达和电视信号输出的噪声。1959年,美国的物理学家莫里森和科克尼建议,将射电望远镜对准最近的星体,看看它们的噪声是不是在增加,以确定是否外星人所为。

从此以后,很多科学家们就开始了积极的探索。苏联的特罗依茨基操纵100台直径为两英尺的天线组成的射电望远镜组合,去探索地球北部空中智慧信号。日本科学家用一台直径170英尺(约52米)的抛物面天线进行监听。为了在茫茫宇宙中寻觅知音,科学家们还设计了多频道信号分析仪,它能将一个射电信号分为800万路,每路仅1赫兹宽,其中的一个信号分析仪将和外层空间跟踪站的直径达200英尺(约61米)的“火星”号天线连接,以探索整个太空。另一台分析仪将与其他三台射电望远镜连接,其中包括位于波多黎各山谷的全世界最大的阿雷西博天文望远镜,其直径达2000英尺(约610米)。天文学家将瞄准距地球100光年内的733颗太阳型的星球。这台望远镜每秒钟能处理4000万个数字。

至于方向的选择可以逐一对准近距离内的太阳系型的星球。对于频道的选择,因为地球上不断增加的噪音,会把可能接收到的外星信号淹没,所以有人提出利用频率为1~10千兆之间的微波段进行监听。在这一波段里,自然的宇宙啸声沉寂了。1971年,有人将这一频率空间起名为“水洞”,并估计有生物物种在此繁衍。针对接收机的通道不能覆盖整个“水洞”的现状,科学家们将集中在氢和羟基这一类频率进行搜索,因为外星人也很可能是以氧、氢、碳为基础,由DNA导出类似人类的生命。

假如我们真的接收到了来自外星的信号,能不能识别它呢?这种顾虑可能是多余的。既然外星人能发出信号,就会想到这一点,他们会让我们易于明白的。

阿雷西博天文望远镜

假如真的存在着高度文明的外星人,他们会不会不屑于与我们人类联系呢?这也不要紧,他们的星球的各种电波总要发射出来,这样就会被我们捕捉到。同样,地球发射的各种电信号也会引起外星科学家的注意,通过这方面的研究,他们就可以了解到我们的存在并推算出地球的过去、现

在和未来。

有些科学家想得更为大胆：如果我们截获了宇宙的电波，然后解读，增添上新的内容再发射出去。若干年后，还会被另外的文明社会所截获、检验，再发送出去。这样，空中很快就会充满了经历亿万年的信息，它们来自早已消失了的文明社会，从而可以帮助新的文明社会。

到目前为止，人类在探索外星人存在方面还没有取得任何成果，但科学家们并不气馁。他们认为，已观察过的1000颗星球仅占星系中星球的亿万分之一，即使一个星系中只存在着一个生物智能社会，也必须观察20万颗星球后才能发现，所以轻易断言没有外星人还为时过早。

科学界普遍认为，寻找外星人的工作与我们人类自身关系重大。它不仅可以满足全人类固有的愿望，发现并确定人类在宇宙中的地位，还可以帮助人类社会的发展，因为在宇宙的时间尺度上，1万年乃至10万年都是微不足道的，但是如果外星人比我们早发展1万年或10万年，那我们就可以从他们那里获得宝贵的经验，以摆脱威胁人类生存的困境。

问候外星智慧生物

1977年8月20日，美国宇航局发射了“旅行者1号”宇宙飞船，飞船内放着一个类似留声机唱片的铜质磁盘，有12英寸(约30厘米)厚，表面上镀有一层金，并配备有一个内藏的留声机针。磁盘中的内容除了用象形文字显示的播放方法外，主要包括用55种人类语言录制的问候语和各类音乐。这些语言包括古代美索不达米亚使用的阿卡得语等非常冷僻的语言，其中英语的问候语翻译成汉语是：“行星地球的孩子(向你们)问好。”时任联合国秘书长瓦尔德海姆的声音也录在了磁盘上面。磁盘上面还有时任美国总统卡特的一份书面问候，内容是：“这是一份来自一个遥远的小小世界的礼物。上面记载着我们的声音、我们的科学、我们的影像、我们的音乐、我们的思想和感情。我们正努力生活过我们的时代，进入你们的时代。”磁盘上还有一个90分钟的声乐集锦，主要包括雷声、海浪撞击声、鸟鸣等自然界的各种声音以及27首世界名曲，其中包括中国京剧和古曲《流水》、莫扎特的《魔笛》和日本的尺八(一种五孔竹笛)曲等。另外，磁盘上还有115幅影像，包括太阳系各行星的图片、人类的性器官图像及说明、中国的长城等。

科学未解之谜

UFO 究竟是什么?

UFO 是由英文“Unidentified Fly Object”三个单词打头字母组成的，意为“不明飞行物”。由于人们所见到的这种不明飞行物经常呈现出碟形，所以人们又叫它“飞碟”。

几十年来，世界各地有关飞碟的资料、报告和案件堆积如山，自称见过飞碟的人数以万计，使得很多科学家对这种现象展开了研究，但至今也没有人能准确地说明有关飞碟的来龙去脉。

1947 年 6 月 4 日，美国爱达荷州博伊西城的一个灭火器材公司的商人肯尼恩·阿诺德，驾驶着私人飞机参加搜索一架失踪的运动机的活动，经过美国西北部华盛顿州的喀斯特山上空时，忽然看到了一幅奇异的景象：有九个闪光的物体构成了一个交叉队形，正在编队飞行。这些飞行物的形状不像飞机，倒像两个复合的咖啡杯托盘，一蹦一蹦的，飘忽不定，飞行的速度极快，转瞬即逝。

他将这一见闻报告给了新闻媒介，第二天，各报竞相刊登了这个奇异的事件，一时社会舆论大哗。同时有人不断打电话给报社，声称自己也看到过这类飞行物。后来经过调查发现，在美国的 23 个州里都有这种不明飞行物的目击者。

这是第一次有关飞碟的正式报道。在此之后，加拿大、巴黎、澳大利亚等许多国家也都出现了相似的目击报告。

据 1985 年 1 月 31 日新华社消息，苏联一架民航飞机在某日凌晨 4 点 10 分左右航行到明斯克附近上空时，飞行员看到了飞机上方有一颗不闪光的巨星，它突然垂直地落向地面，光芒四射，使地面的建筑和道路都清晰可见。过了一会儿，它发出的光芒从照射地面移到 1 万米高空的飞机旁。这时飞行员又看见一个被圆形彩环包围着的光耀夺目的白

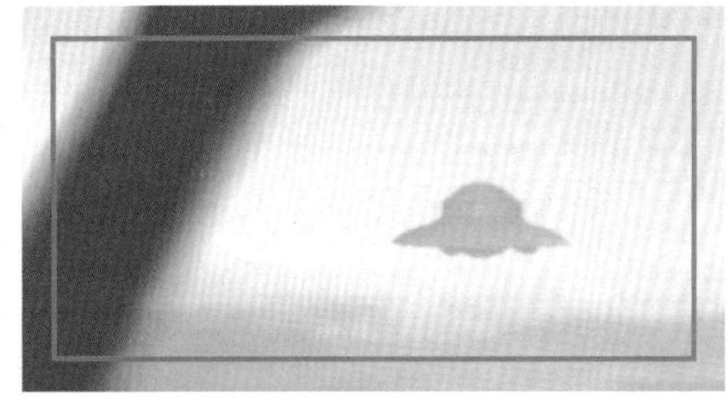

点，白点一闪光就产生了一片青云，在飞机周围飘来飘去,青云内也有东西在闪烁发光。迎面飞来的另一架飞机的机组人员也同时发现了这一奇异现象。

类似的事件在中国也有发生。1982年,中国空军航空兵某部报告,他们在6月18日晚从22点04分至22点20分目击了飞碟。当时参加夜航训练的飞行员和干部战士有200多人,还有很多当地群众。他们分别在空中和地面看到了飞碟。有一位飞行员驾驶的单机还与飞碟相遇。据说,当飞碟临近时,无线电罗盘失灵,指挥塔台的声音变小,联络受到干扰。飞碟则高速旋转,越来越快,它的周围出现了一圈圈的光环,呈波纹状。它高速运动时却又无声无息。

由于有关飞碟的材料和报告越来越多,因此引起了各国政府和一些民间组织的重视。有的国家和组织成立了专门的飞碟研究机构,有的还拟定了研究飞碟的计划。

美国空军早在20世纪50年代,就开始执行一个“蓝皮书计划”,专门追查飞碟。他们调查了1.3万多件有关飞碟的报告和案件,虽然公布了大部分调查结论,但还有一部分结论至今严格保密。据报道,在美国的一个秘密空军基地里,藏有飞碟的残骸和外星人的尸体。

苏联也从20世纪50年代开始,制订了擒获飞碟的计划。在多次尝试遭到失败之后,苏联最高指挥部命令,一旦发现飞碟立即向它开火,迫使它降落。1957年7月4日,苏联驻千岛群岛的防空部队向飞碟开了火,全岛所有的大炮几乎都参加了战斗，但却未能损伤闪闪发光的飞碟的一根毫毛，它仍以极快的速度飞离而去。

除了动用火力手段外，有的国家试图通过无线电波与飞碟进行联系，有的用信号灯引诱飞碟降落，有的派喷气式飞机去进行追踪。但遗憾的是，迄今为止这一切手段都没有取得效果。相反，不时有奉命去跟踪飞碟的飞机奇异地被毁灭的事件发生。1948年的一天，美国一名机长曼特尔奉命驾驶P-51式飞机去追击一个飞碟。在追击过程中，突然“轰”的一声响，飞机奇怪地爆炸了，曼特尔当场殒命。事后，地面有人证实，他们看见飞碟里射出的“曳光弹”击中了飞机。

尽管有关飞碟的报道数以万计，但仍有许多科学家根本不相信飞碟的存在。在他们看来，所有的目击者所看到的飞碟都不过是一种视觉上的错误罢了。只要科学上无法证实飞碟的存在，就不能承认它的客观存在。这些科学家们所经常引用的一条有力的证据就是：人们至今也未能捕捉到一个飞碟的实物，在地球上也没有发现飞碟的残骸或它的遗留物。

但也有很多科学家坚信飞碟存在的真实性。他们认为，把所有的UFO现象都归于错觉、幻觉、假想，这很难让人接受。一个物体在空中飞行时，能发出各种不同颜色的强光；有时能突然停住，有时能做90°的转弯；有时直升，有时直降；当该物体接近某地区时，会造成该地区的通信设备失灵，飞驰中的汽车会突然熄火；飞碟在地面降落后还留下了凹痕，化验结果表明，该处土壤不再吸水，石块受过高电压的作用，附近的植物叶子中的叶绿素明显减少，有时指北针在这里也失去了作用，难道这一切都是错觉造成的吗？

坚信飞碟存在的科学家还认为，人类居住的地球属于太阳系，太阳系又属于银河系，在银河系内还存在着2000亿颗左右的恒星，其中有近万颗恒星同太阳一样带有好几个行星。他们猜测，也许有的行星同地球一样，孕育着众多的不断进化的生命。在茫茫宇宙的某一处，很可能生活着和人类同样的种群，他们的科技水平或许比人类还要高级得多，飞碟就是他们派来探测地球的仪器。这种仪器可能是依靠电磁粒子飞行，当它发射电磁粒子屏蔽运动前方的电磁场时，就会产生负压而被推向负压区，迅速改变运动方向；它也可以用同样的方法向后方喷射大量电磁粒子造成反作用力，加快其运行速度。或许在外星人那里有着另一套物理规律，因而使得这种仪器具有反重

人造卫星

力和反惯性的特性。

也有些科学家认为，飞碟这种现象的存在是不可否认的，但不应该把它和天外来客联系起来。现在基本可以确定，在太阳系中不大可能有智慧生物，如果外星系存在着高级生命的话，尽管他们掌握了神奇的科学技术，飞到地球上来也需要几百年的时间。要经历这么长的时间跨度，那么他们的寿命就要数十倍于此，而且不能像现在报道的那样频繁出现在地球上。因此，应该把眼光收回来，在地球本身寻找答案。

于是，这些科学家先后提出了不少假设。苏联的一位科学家认为，飞碟很可能是特殊变化的气候所造成的一种暂时现象，也就是一些特殊的云块。苏联的另一位科学家认为，巨大的蝴蝶群、鸟群或昆虫群都有可能被当成飞碟，而它们飞过时，确实会对地面的雷达系统造成干扰。

还有人指出，很多飞碟其实是多种因素造成的误会。如人造卫星返回大气层后焚烧的碎片、高空探测气球、球形闪电、海市蜃楼一类的大气折射现象、流星、彗星，还有雷达假目标等，这些都有可能被不明真相的人当成飞碟。

美英两国的飞碟协会则认为，飞碟仅仅是地质不稳定所引起的一种自然放电现象，确切的机制是地质不稳定而引起的岩石之间的摩擦。由于摩擦，电子从高能状态向低能状态转化时会发光，即使是不在高压条件下，摩擦也会产生强烈的光。这是因为花岗岩石中所有矿物的原子晶体状的排列结构几乎都有缺陷部分，它一直在俘虏自由电子。当这种缺陷部分的原石活泼电子射出时，就会变成可见光，当受到压力、切断等作用时，由于自由电子的雪崩，它们就会大量射出，使莫名其妙的人们把它认定为飞碟。

高空探测气球

人们对于飞碟所做出的解释可谓形形色色，五花八门，似乎各有各的道理，但又没有一种解释能得到普遍的承认。有人大胆地推测：飞碟会不会是以上种种情况而形成的综合现象呢?这种说法也不见得没有道理，但如果是这样的话，就等于把飞碟这个大谜分解成无数个小谜，而这无数个小谜还是有很多找不出答案。

科学未解之谜

秦始皇接见的是什么人？

《拾遗记》是晋朝人王嘉编撰的一本书，主要内容是有关神仙方术的故事，人们一直把它当作神话传说来对待，但是其中有一段记载却引起了当代科学家的注意。

这段记载讲的是秦始皇称雄一方之时，从宛渠国来了一些客人，他们所乘的交通工具十分独特，“舟形似螺，沉行海底，而水不浸入，一名‘沧波舟’”。这些人的穿着相貌也很独特，身上披着鸟羽兽毛，身高十丈，“两目如电，耳出于项间，颜如童稚”。他们似乎掌握着某种惊人的高效能源，用于夜间照明时，只需“状如粟”的一粒，便能“辉映一堂”。倘若丢于小河溪流之中，则“沸沫流于数十里”。这些人对地球的了解简直超过了现代科学家，秦始皇与他们谈到天地初开时的情形，他们讲得有声有色，好像亲眼见到一般。他们对“少典之子采首山之铜，铸为大鼎”之类的事情甚为关心，曾赶到现场考察，结果只看见“三鼎已成”。他们非常注意观察人类世界，一有新的动向，哪怕“去十万里”也要“奔而往视之”。对于中国当时的社会组织结构、生产的重大成果，也都一一“走而往视”，万里长城上也留下了他们的身影。

这些“宛渠之民”究竟是何许人也？秦始皇称他们是神人，这在认识水平不高的当时只能如此，而今天的科学家们却不能满足于这样的结论。近年来，有不少学者用外星来客的观点来对这段记载进行解释：一群具有高度文明的外星人很早以前就来过地球，并安下基地，称为“宛渠国”，对地球进行考察。这些外星人活动于占地球表面2/3的海洋中，用螺舟作为交通工具。这种交通工具水陆两用，日行万里，就是今天所说的飞碟。

这种解释虽然可以自圆其说，但目前还不能被大多数人所接受。不过，学者们普遍认为，把古籍中那些看似荒诞不经的记载统统视为封建迷信，或视为神话传说，实在是不足取的，如果能用科学的观点加以研究，会发现许多珍贵的古代原始记录。

太阳系是怎样起源的?

人类对宇宙的认识是从地球开始的,再从地球扩展到太阳系,那么太阳系最初是怎样形成的呢?显然,如果能够弄清楚太阳系的形成和演化过程,就能揭开更多的宇宙奥秘。

起初,人们用"永恒说"来对此加以解释。这种说法认为,太阳系可能在无限久远的过去就已经是现在这个样子了,今后也将永远是这个样子。也就是说,太阳系没有开端,也没有终结。很显然,这种说法人们是很难接受的。

1755 年,德国哲学家康德提出了"星云假说"。康德认为,太阳系的前身很可能是一块稀薄的气体云——星云。这团气体云在自身引力的作用下开始逐渐收缩,越来越密集,旋转的速度越来越快,形状也就越来越扁。到了一定程度,最边缘的一圈就开始分离出去,凝聚成一个行星;接着又分离出去一圈,又凝聚成一个行星。最后剩下的气体云凝聚成一个巨大的发光恒星,这就是太阳。

按照这个假设,太阳系中所有的行星、卫星大体上都应该在同一个平面上,并且都朝着一个方向旋转,而太阳系恰恰正是这个样子,这说明"星云假说"有可能是正确的。

1795 年,法国天文学家拉普拉斯站出来支持"星云假说"。他认为,太阳系是由一大团弥漫的尘埃气体云形成的,这个原始星云起初是炽热的,但随着辐射而损失能

量，温度就开始下降，从而引起星云的收缩，同时由于其他天体的引力扰动某些邻近超新星爆发产生的冲击波，于是开始旋转。

拉普拉斯的学说和康德的学说大同小异，所以被人们称为“康德—拉普拉斯学说”。这个学说能够较好地解释太阳系结构上的一些特征，却解释不了太阳系所具有的巨大的角动量，更解释不了角动量在太阳系里分配极不合理的现象。于是，有人就对“星云假说”提出了疑问：星云怎么可能一边收缩（同时越转越快），一边将几乎所有的角动量都转移到分离出去的气体环（行星）呢？

另外，随着天文观测和研究的深入，“星云假说”的缺陷也越来越多地暴露出来。天文学家先是发现海王星的卫星——海卫一绕着海王星的旋转方向正好与海王星的自转方向相反，接着又发现火星的卫星——火卫一旋转一周的时间竟比火星自转一周的时间快三倍。按照“星云假说”，太阳系中的行星和卫星都应该朝着一个方向旋转，卫星的旋转速度不可能超过行星。

就在“星云假说”陷入窘境之时，美国的地质学家张伯伦和天文学家摩尔顿于1906年提出了“星子假说”。他们认为，太阳系最开始时只有孤零零的一轮红日，后来在某个时候，又有一颗恒星朝着太阳运动过来。就在它们相互接近的过程中，彼此间产生了巨大的万有引力，而且越来越大，使得这两颗恒星上都出现了强烈的潮汐作用，于是就从它们的表面吸出一股物质，它们彼此连接起来，形成了一座“桥”。当它们相掠而过时，这座“桥”被带着迅速地旋转，获得了巨大的角动量，而恒星本身的角动量却减少了。当这两颗恒星分开后，“桥”被拉断了，分成若干块，每一块逐渐凝聚成一颗具有一定角动量的行星。

1917年，英国天文学家金斯发展了“星子假说”。他认为，从两颗恒星拉出来的物质“桥”是雪茄烟形状的，两头细，中间粗，断开后最粗的部分就形成了太阳系中的木星、土星这两颗最大的行星，剩下的较细的部分则分别形成了土星以外木星以内较小的行星。

拉普拉斯

“星子假说”把太阳系的起源归因于一次偶然的灾难事件，因此这类观点就被称为“灾变说”。比如，英国的里特和美国的罗素认为，太阳原来是一对双星中的一颗子星。在某个时候，从远方突然飞来一颗恒星，与太阳的伴星相撞。它们就像子弹一样朝着不同的方向弹去，同时拉出一长串物质。这一长串物质被太阳

所俘获，发展成为太阳系中的各个行星。

跟在“灾变说”后边出现的是“俘获说”。苏联的地球物理学家施密特认为，太阳周围原先有着大量带电的星际物质，逐渐冷却后，它们不再带电，就受太阳万有引力的吸引而落向太阳。它们下落的速度越来越快，就会产生相互碰撞、摩擦而重新带电。在电的作用下，它们便停止下落，在太阳附近凝聚成行星和卫星。按照施密特的说法，太阳原先是光棍一条，当它在宇宙空间中运行时，突然钻进了某个星际云中，在里面俘获了一部分物质，它们就是日后形成行星和卫星的材料。

按照“灾变说”和“俘获说”，太阳的年龄必定要比别的行星大，甚至可以大上几十倍、几百倍，而根据各种测定，太阳的年龄与行星的年龄非常接近，这一下子就使“灾变说”和“俘获说”失去了魅力。更致命的是，这两种学说都把太阳系的起源建立在偶然性之上，而天文观测证明，宇宙间有许多类似于太阳系的天体系统，这就说明太阳系不会是偶发事件的结果。

随着现代天文学和物理学的进展，特别是恒星演化理论的日趋成熟，古老的“星云假说”重新焕发了青春活力。据统计，现代“星云假说”竟达 20 多种。它们一致认为，形成太阳系的是银河系里一团密度较大的星云，它是由巨大的星际云瓦解而来的，一开始就在自转，并在自身引力下发生收缩，中心部分形成了太阳，外部演化成星云盘，星云盘随后形成了行星。

角动量即动量矩，它是物理学中与物体到原点的位移和动量相关的物理量。太阳系中太阳的自转，行星的自转和公转，卫星的自转和公转，都具有角动量。由于这些旋转的方向都是相同的，所以角动量是相加的，从而使整个太阳系具有了巨大的角动量。而在角动量的分配方面，太阳只占太阳系总角动量的 2%，其他行星却占了 98%。

现代“星云假说”既有观测资料，又有理论计算，能够比较详细地描述太阳系的起源过程，但它们彼此间还存在着不小的争议。比如，美国的卜米隆认为，星云盘质量很大，因为不稳定而瓦解成较大的原始行星。苏联的萨弗隆诺夫等人却认为，星云盘的质量很小，其中的固态颗粒沉降并形成尘冰层，再瓦解成许多小团，各团收缩成星子，星子积聚成行星。还有人认为，星云甩出去的物质首先积聚成许多气体球，这些气体球每年慢慢收缩，内部的温度和压力升高，由重元素构成的分散固体尘粒沉向中心，形成了行星胎。一些离太阳较近的气体，由于受到太阳热量的影响，气体部分的物质大多被赶跑了，它们最后就成了类地行星。

不管怎么说，现代“星云假说”对于太阳系的许多特征都能做出比较合理的解释，但是在它的面前也摆着一些没有解决的问题。比如，根据现代“星云假说”，每个恒星都应该有自己的行星系统，但据观测，在离太阳 13 光年范围内的 22 个恒星中，至今只有 3 个可能有行星系统，比例是 1/10，这是为什么呢？

在宇宙航行中，宇航员发现在土星附近的某个区域，存在着一团比太阳表面温度还高出 10 万倍的气体团。它在太阳系的形成过程中有什么样的地位呢？

宇宙航行还发现，在太阳附近有一个巨大的“磁泡”，随着太阳的活动而一张一合。这个发现提醒人们，在太阳系的起源问题上还不应该忽略磁力的作用。

总之，太阳系的起源之谜至今还不能说完全彻底地揭开了，还需要人们进一步加以研究。

科学已揭之秘

太阳系的尽头

太阳会喷出高能量的带电粒子，称为『太阳风』。太阳风可以一直刮到冥王星轨道的外面，形成一个巨大的磁气圈，叫作『日圈』。日圈外面有星际风在吹刮，但是太阳风会保护太阳系不受星际风的侵袭，并在交界处形成震波面。日圈的终极境界叫作『日圈顶层』，这里是太阳所能支配的最远端，科学家一般把这里视为太阳系的尽头。至于日圈层顶距离太阳有多远，它的形状如何，目前还不能做出确切的回答。

为什么有些行星戴着光环?

在太阳系中，土星被誉为美丽的天体，它戴着的光环曾被认为是不可思议的奇迹。科学家经过大量研究发现,在太阳系的行星中,不仅土星戴着光环,而且木星、天王星和海王星也是戴着光环的。

在这 4 颗戴着光环的行星中,土星的光环最为壮观和奇丽。历史上首先发现土星光环的是意大利天文学家伽利略。1610 年,伽利略用刚刚发明不久的天文望远镜观测土星,发现它的侧面仿佛有一些什么东西。遗憾的是,直到他去世,也没有弄清楚那些东西究竟是什么玩意儿。

1655 年,荷兰天文学家惠更斯终于搞清了土星光环形状不断变化的原因:那是因为它以不同的角度朝向我们。当我们恰好从它的侧面看去时,薄薄的光环就仿佛隐去不见了。土星光环厚为 10 余千米,宽约 6.6 千米,它可以细分为几个环带,中间夹着暗黑的环缝。

1977 年 3 月 10 日,包括中国在内的许多国家的天文学家,各自观测到了一次罕见的天文现象——天王星掩恒星。观测的结果使科学家们大为惊奇:在天王星遮掩恒星之前,人们已经先观测到一组“掩”;在天王星本体掩星之后,又发生了另一组类似的“掩”。造成这些“掩”的,原来是围绕着天王星的一些“光环”。这些环都极细,而且彼此都离得较远。1986 年 1 月,美国发射的“旅行者 2 号”宇宙飞船飞越天王星时,又发现了几个新的环带。现在已经知道天王星共有 11 道环。

“旅行者 1 号”是 1977 年 9 月发射的,1979 年 3 月初,它从离木星大约 27.5 万千米处掠过这颗巨大的行星,发现木星也有一群细细的环。木星环厚约 30 千米,总宽度超过 6000 千米,光环与木星的中心距离约 12.8 万千米。

1989年8月,“旅行者2号”宇宙飞船飞越海王星时,证实了海王星也有光环。海王星的光环有5道。

冥王星是否也有光环,现在还不清楚,但有些科学家推测它也应该有光环。

科学家们经过观测研究后发现,行星的光环主要是由无数的小碎块组成的。碎块的大小可以用米做单位来量度。每个碎块仿佛都是一颗小小的卫星,在自己的轨道上绕着主体行星运行不息。

那么,这些行星的光环究竟是怎样形成的呢?

早在1850年,法国数学家洛希就推断出:由行星引力产生的起潮力能瓦解一颗行星,或瓦解一个进入其引力范围的过往天体。这种起潮力能够阻止靠近行星运转的物质结合成一个较大的天体。目前所知道的行星环就是位于这个理论范围内,其边界被称为洛希极限,是一个重力稳定性的区域。据此,科学家们对行星环的成因进行了三种推测:第一,由于卫星进入行星的洛希极限内,从而被行星的起潮力所瓦解;第二,位于洛希极限内的一个或多个较大的星体,被流星撞击成碎片而形成光环;第三,太阳系演化初期残留下来的某些原始物质,因为在洛希极限内绕太阳公转,而无法凝集成卫星,最终形成了光环。

不过,对于光环的成因,科学家们目前还只能是进行猜测而已。更令他们疑惑不解的问题是那些窄环的存在,因为根据常规,天体碰撞、大气阻力和太阳辐射都会对窄环造成破坏,使它消散在空间。究竟是什么物质保护着窄环使其存在呢?一些学者提出,一定有一些人们尚未观测到的小卫星位于窄环的边缘,它们的万有引力使窄环得以形成并受到保护。这种观点被后来的天文发现所证实,因为人们不仅在土星而且在天王星的窄环中,都发现了两颗体积很小的伴随卫星,它们的复杂运动相互作用,使光环内的物质运动也缺乏规律性, 也许这正是不同的行星环具有不同的形态的原因所在。

随着研究的深入, 使人们当初的一种推测——行星环为太阳系演化初期残留下来的某些物质绕行星公转而成这一观点,受到了越来越多的学者的怀疑。比如,德国的一位天体学家认为,在一亿年前,一颗小彗星与一颗直径60英里(约96560米)的土星卫星发生碰撞,从而形成土星环。

与此同时,人们还提出了另外一个有趣的问题:为什么土星、木星、天王星、海王星有光环,而水星、金星、火星和地球却没有光环呢?

对于神奇的行星光环,科学家们仍然不断提出新的推测和假说。然而,随着天文新发现的增多,行星光环反而显得更加神秘莫测了。

太阳系里为什么会有那么多小行星?

我们所在的太阳系的特征是什么呢?假如要求你对这个问题做一个最简明扼要的回答,你会怎么说呢?

有一位天文学家曾经用一句话巧妙地概括了太阳系的特征:"一小堆大行星,一大堆小行星。"这个回答虽然有些开玩笑的意味,却极为精炼地描述出了太阳系的状态。太阳系中人们已知的大行星只有 8 颗,而小行星自从 1801 年发现第一颗开始直到今天,已登记在册并有编号的就达 4000 多颗,这还不包括那些有待证实的新发现的小行星。

如果以个头而论,最大的小行星也不能同最小的大行星相提并论,它们之间实在是相差悬殊。虽然这些小行星个头都不大,但都围绕着太阳公转,而且具有行星所具有的一切特征。从这一点上说,它们与大行星称兄道弟毫无愧色。

那么,这些小行星究竟有多少呢?除了在编的 4000 多颗之外,亮度大于 19 星等的小行星有近 4 万颗,它们的直径为几百米。更小的更暗的 21 星等小行星,总数将不少于 5 万颗。至于比这更小的更暗的小行星,则不计其数,无可估量。

从它们所处的位置来看,小行星们大都聚集在木星和火星之间这块不算太大的空间里。

小行星是从哪里来的呢?为什么小行星会有这么多呢?它们为什么聚在一起呢?

如果能够正确地解答这些问题，显然对人们认识太阳系的起源具有十分重要的意义。可惜的是，科学家们经过了一二百年的研究，也只能提出一些没有获得普遍承认的推测。

最经常被提出的一种理论是"爆炸说"。这一派科学家们认为，在小行星带所处的那个空间，原先有一个与地球、火星不相上下的大行星，它与其他行星一样，长时间地围绕着太阳运动。后来，由于现在还不清楚的某种原因，它被炸得粉身碎骨，碎块又互相碰撞，成为更小的碎片，其中大部分成了现在的小行星，小部分变成了流星体。

从对小行星的观测来看，它们只有少数一些是圆形的，大部分是不规则的，大小也有很大差别，这似乎为"爆炸说"提供了证明。

但有的科学家提出了疑问：究竟是从哪里来的这么大的能量，居然能把那么大的一个行星炸得粉碎？再进一步追问下去：这些被炸飞的碎块，又怎么能集中成现在的小行星带呢？

于是，又有一些科学家提出了"碰撞说"。他们认为，在火星和木星之间的空间中，原来不是只有一颗大行星，而是有几十颗直径在几百千米以下的小行星，它们的轨道各不相同，即轨道的长轴、偏心率、周期以及轨道与黄道之间的倾角都不同，但也不是相差得那么大。

科学已揭之秘

星等的由来与发展

早在公元前2世纪，古希腊有一位名叫依巴谷的天文学家在爱琴海的罗得岛上建起了观星台。有一次，他在天蝎座中发现了一颗陌生的星。凭着丰富的经验判断，这颗星不是行星，但是前人的记录中没有这颗星。这是什么天体呢？依巴谷由此受到启发，决心绘制出一份详细的恒星天空星图。经过不懈的努力，一份标有1000多颗恒星精确位置和亮度的恒星星图终于在他手中诞生了。为了清楚地反映出恒星的亮度，依巴谷根据恒星的亮暗分成等级。他把看起来最亮的20颗恒星作为一等星，把眼睛能看到的最暗弱的恒星作为六等星，在这中间又分为二等星、三等星、四等星和五等星。

依巴谷在2100多年前奠定的"星等"概念，一直沿用到今天。1850年，英国天文学家普森重新制定出星等的标准。他以光学仪器测定出星球的光度，制定每一星等间的亮度差为2.512倍，比一等星还亮的星是0等；再亮的，则用负数表示，如-1、-2、-3等。星等又分为视星等和绝对星等。视星等是地球上的观测者所见的天体的亮度，比如太阳的视星等为-26.75等，满月为-12.6等。人眼对黄色最敏感，因此视星等又称黄星等。绝对星等是在距天体10秒差距(32.6光年)处所看到的亮度，比如太阳的绝对星等为4.75等。

显而易见，它们在长期的运动过程中，难免有彼此接近或比较接近的机会，发生碰撞甚至多次碰撞的可能性是很大的，这样就形成了大小不等、形状各异的众多小行星。但是今天所能看到的小行星也不全都是碰撞后的产物，那些比较大的、基本上呈球形的小行星，就是其中幸免于难的，至少是没有经过剧烈碰撞。

但这种说法也有让人生疑之处：怎么会有这种碰撞机会呢？几十个不大的天体在火星与木星之间运动，就好像几条鱼在太平洋中游动一样，它们在水中的碰撞机会能有多大呢？

近年来比较流行的理论是所谓的“半成品说”。持这种观点的科学家认为，在原始星云开始形成太阳系天体的初期，太空中有许多残存碎片，它们在围绕太阳运转时逐渐集合到一起，成为较大的天体，它们再不断吸附，使太阳系变得越来越干净。但是在小行星带却不是这样，由于木星的摄动和其他一些未知因素，这些残余的碎片抵抗住了太阳的拉力，因而就没有形成新的行星，而只能成为一些“半成品”——小行星。

这种说法目前在天文学界得到了很多人的支持。但作为一种假设，还需要获得大量的证据才能够成立。

信不信由你

星星知多少

如果借助望远镜，哪怕是一台小型天文望远镜，人们就可以看到5万颗以上的星星。用现代最大的天文望远镜能看到10亿颗以上的星星。当然，天文学家所能看到的星星也只是宇宙中很小很小的一部分。根据澳大利亚国立大学天文学和天体物理学研究院的西蒙·德赖弗教授及其研究小组所做的计算，宇宙中大约有7×10^{22}颗星星。如果用肉眼看的话，天空中有一等星20颗，二等星46颗，三等星134颗，四等星458颗，五等星1476颗，六等星4840颗，共计6974颗。这些星星有一半是在另一个半球，所以晚上一般人只能看到3000颗左右的星星。

科学未解之谜

为什么小行星也有卫星？

1978 年 6 月 7 日，一颗被命名为“大力神”(532 号)的小行星，正好掩住室女座中一颗编号为 SAO120774 的六等星。就在掩星出现前的两分钟，那颗六等星的星光突然抖动了一下。

这是怎么回事儿呢？天文学家对这个似乎是微不足道的现象进行了深入研究，竟然得到了一个不寻常的发现。原来，“大力神”竟然有一颗卫星，它的直径为 45.6 千米，与小行星的距离为 977 千米。那颗六等星的星光抖动就是这颗卫星围绕着“大力神”运动时造成的。

人们都知道，大行星都带有卫星，而“大力神”不过是直径为 243 千米的小行星，它怎么也会带有卫星呢？

正当人们对此感到十分惊奇的时候，又传来了新的消息。1978 年 12 月 11 日，天文学家又发现小行星“梅波蔓”(180 号)也有卫星。“梅波蔓”的直径为 135 千米，而它的卫星直径只有 37 千米，为小行星直径的 27%，两者相距 460 千米，只有月地距离的千分之一多一些。如果有机会到“梅波蔓”小行星上去，就会看到一个比月亮大 120 倍、光度强百倍的“大月亮”挂在天空上。

到目前为止，天文学家已经发现几十颗带卫星的小行星。有人甚至认为，有的小行星可能有不止一颗卫星。

小行星为什么也会带有卫星呢？显然，在小行星本身是怎样形成的这个问题没有形成定论之前，小行星为什么会有卫星这个问题就不可能得到真正的解答。但是，天文学家还是对此提出了自己的推测。其中有一种意见认为，小行星的卫星是由它们本身飞出去的碎片形成的。由于小行星比较多，而且集中在一起，因而碰撞的机会就比较多。在这种相互碰撞中，会产生一些大小不同的碎片。这些碎片的运行速度并不快，而小行星的引力范围大体上是其本身直径的 100 倍左右，这样就可能把这些碎片捕俘过来。而它们一旦被某颗小行星捕俘，就会比较稳定地沿着轨道运行，成为小行星的卫星，而不会被附近的火星、木星等大行星拉走。

为什么行星与太阳的距离有规律？

在天文学中，最常见的度量单位是光年。而在太阳系中，经常使用的度量单位是“天文单位”。一个天文单位等于149597870千米，就是地球到太阳的平均距离。

按照天文单位来计算，太阳系中各行星与太阳的距离分别是：水星，0.387；金星，0.723；地球，1.000；火星1.52；木星，5.20；土星9.45。

1766年，德国科学家提丢斯发现，以“3”这个数字打头，依次扩大两倍，就会得出这样一串数字：3，6，12，24，48，96。

再将这组数字前边加个0，每个都加上4，然后除以10，又会得出一组数字：0.4，0.7，1.0，1.6，2.8，5.2，10.0。

把它们与行星到太阳的距离比较一下，马上就会发现，这两组数字非常一致，只是缺少一个2.8。

1772年，德国天文学家波得公布了提丢斯的这项发现，从此这一组数字引起了人们的重视。后来，人们就把它称为“提丢斯—波得定则”。

1781年，英国天文学家威廉·赫歇尔发现了天王星，它到太阳的实际距离是19.2个天文单位。而按照提丢斯—波得定则，把那串数字最后一个96扩大两倍，变成192，再加上4除以10得数为19.6，两者非常接近。

1801年，意大利天文学家皮亚齐发现了第一颗小行星——谷神星，它到太阳的距离是2.77个天文单位，而这正好与那串数字中的2.8相吻合。

后来，天文学家又陆续发现了海王星和冥王星，它们到太阳的距离分别是30.1和39.5个天文单位。让我们再按照提丢斯—波得定则推算一下：把192扩大两倍，变成384，然后加上4除以10，得数为38.8。按理说这应该是海王星到太阳的距离，而实际上却与冥王星到太阳的距离很相近。这是怎么回事儿呢？是这个定则出了问题，还是人们对海王星和冥王星的认识有错误呢？

如果除去这个例外，从水星到天王星，这么多行星到太阳的距离还是符合提丢斯—波得定则的。这究竟是偶然的巧合,还是必然的规律呢?如果是必然的规律,那就会对探索太阳系乃至宇宙的奥秘具有重大的指导意义。可惜的是,科学家们对此还无法肯定。

许多天文学家认为,这种现象绝不是偶然的,它反映了太阳系起源和演化是有规律可循的,但也不会是这么简单的数学关系,实际情况可能要复杂得多。不过,用这个定则来记忆行星到太阳的距离,确实是一个简便的办法。

科学未解之谜

冥王星究竟是卫星还是行星?

冥王星曾是太阳系九大行星之一。1930年,美国天文学家汤博经过几十年的苦苦探索,终于发现了冥王星,当时错估了冥王星的质量,以为它比地球还大,所以就将它认定为大行星。经过近30年的观测,天文学家发现它的直径只有2300千米,比月球还要小,而这时候,太阳系有九大行星的说法已经被写进了教科书,人们只好将错就错了。直到2006年8月24日国际天文学联合会举行大会投票决定,才将冥王星正式从大行星的行列开除出去,将其列入"矮行星"。

其实,早在冥王星刚被发现的时候,天文学家们就马上发现它在很多方面与太阳系其他行星有区别。其一,原先的八大行星都在接近于正圆形的椭圆形轨道上环绕太阳运行,而冥王星的轨道却要偏得多,它的偏心率高达0.248。这就使它在1989年经过近日点时,竟比海王星离太阳还要近。这种情况在太阳系其他八大行星中是绝无仅有的。

其二,地球绕太阳公转的轨道平面叫"黄道面"。大多数行星的公转轨道平面几乎都与黄道面重合。但是,冥王星的公转轨道平面和黄道面相交的夹角竟达17°之多。

其三,在原先的八大行星中,离太阳较近的水星、金星、地球、火星(它们统称为类地行星)体积都很小,但密度却相当大;离太阳较远的木星、土星、天王星、海王星(统称为类木行星)体积都很大,但密度却很小。人们发现,虽然冥王星离太阳很远,但密度却比类木行星大得多。

由于这些独特的差异,使许多科学家不得不提出这样的疑问:冥王星究竟是不是

在古希腊神话中，冥王普路同(Pluto)是冥界的首领，掌管地狱和死人。在古罗马神话中，冥王的名字叫哈迪斯(Hades)。冥王星远离太阳，在寒冷阴暗的太空中蹒跚前行，这情形恰好与住在阴森森的地下宫殿里的冥王非常相似。于是，人们就给它取名冥王星。另外，Pluto开头的两个字母正好又是美国天文学家洛韦尔(Percival Lowell)姓名的缩写。

洛韦尔对冥王星发现有着推动之功。冥王星的亮度很弱，只有15等，即使在大望远镜拍摄的照片上，它和普通的恒星也没有什么差别，要想在几十万颗星星中找到它，真好比是大海捞针。洛韦尔详细地计算了这颗未知星的位置，用望远镜仔细寻找，付出了十几年的心血。可惜的是他壮志未酬，于1916年11月16日突然去世。1925年，洛韦尔的兄弟捐献了一架口径32.5厘米的大视场照相望远镜，性能非常好，为继续搜寻新星提供了优越的条件。1929年，洛韦尔天文台台长邀请汤博加入搜索行列。他们一个一个天区地搜索，拍摄了大量底片，并对每张底片进行细心的检查，工作极其艰苦而乏味。1930年1月21日，汤博终于在双子星座的底片中发现了这颗新星。

一颗真正的行星呢？围绕着这个疑问，科学家们提出了以下三种观点。

1976年，英国天文学家里特顿提出了“原为卫星说”。他认为，冥王星原先很可能是一个与海卫一一起环绕海王星运动的大卫星，它一度靠近了海卫一，它们在万有引力的相互作用下改变了运行状况，结果使冥王星脱离了海王星而成为第九颗大行星。在一段时间内，这种观点曾得到不少人的赞同。

1956年，美国天文学家柯伊伯提出了“逃脱说”。他认为，当海王星及其卫星系统刚刚形成时，冥王星就逃了出来。1978年，美国天文学家克里斯蒂发现了冥王星的卫星——冥卫一，或简称“冥卫”。他的同事哈林顿和韦兰登很快就提出了一种类似于柯伊伯的理论：过去某个时候，有一个质量比地球大三四倍的未知行星途经海王星的卫星系统，猛烈地破坏了这个系统，冥王星因此被“抛”了出来，同时它身上又被撕去了一大块物质，形成了新发现的冥卫一，而那颗闯进来的行星本身则跑到了离太阳很远很远的地方。

上述两种观点尽管有所不同，但都承认冥王星原来是海王星的卫星。但有些科学家却始终坚信冥王星根本就未曾是过卫星，始终是一颗行星。冥王星的发现者汤博就持这种观点。他说："冥王星有一颗卫星，这使人们更加相信它确实有权作为一颗大行星。"

1982年，美国堪萨斯大学地质学家华尔达斯提出，在离冥王星1.9万千米处有一个光点，过去很多人说它是一颗卫星，其实它很可能是冥王星的一部分，是冥王星上的一片甲烷雪块，不是卫星。如果这种判断是正确的话，那么冥王星就不是最小的行星，而摇身一变成了第五大行星。尽管国际天文学联合会已经做出决议，但这并不等于所有的天文学家都赞同冥王星不具备大行星的资格。应该说，这场争论还没有真正结束。顺便说一句，即使是按照国际天文学联合会做出的决议，冥王星还是行星，只不过是矮行星而已，暂时退出了大行星的行列。

冥王星深居太阳系的边陲，但在1979年后的20年间，由于它位于近日点，距离太阳比海王星还近。在此期间人类先后发射过"先驱者号"、"旅行者号"等宇宙探测器，但是都越过冥王星直奔浩瀚无际的银河系空间。有的科学家认为，这是错失良机，如果能抓住这个机会多获得一些有关冥王星的信息，也许现在就已经揭开了它的身世之谜。

科学未解之谜

冥王星为什么是岩石型行星？

太阳系中的行星可以分为两类：类地行星和类木行星。造成这两种不同类型行星的根本原因，就在于它们与太阳的距离不相同。水星、金星、地球和火星这些类地行星距离太阳较近，太阳的高热使它们丧失了大部分较轻的元素，周围形成一层气体，中间包裹着一个固体的岩石球体。

木星、土星、天王星和海王星这几个类木行星，由于距离太阳较远，温度较低，气体混合物可由重力吸附在一起，其中一些密度较低的元素还会从中冷凝出来。它们几乎全由气体组成，主要成分是氢、氦、甲烷和氨，中间可能有一个小型的岩石核。

按照这样的分类，距离太阳最遥远的冥王星也应该是一个气体行星，而实际情况却不是这样。根据天文学家的推算，冥王星也是一个岩石型行星。

为什么冥王星会成为像类地行星一样的岩石型行星呢？其原因至今还不十分明了，天文学家只是做出了这样的推测：类木行星是在与冰和岩石的小行星不断相互撞

击中合并成长起来的，并随时捕捉周围的原始太阳系星云气体，所以才成为今天的模样。冥王星也是不断地吸收周围的小行星而成长起来的，但由于它的转动速度比木星、土星慢多了，所以还没有来得及捕捉星云气体壮大自己，星云气体就散失掉了，于是它直到现在仍然是一个由岩石和冰构成的行星。

以上见解虽然不过是推测，但仍然有人对此大表怀疑。他们认为，一个岩石质的行星不可能跻身于气态的外行星圈内。说不定冥王星也是气态的行星，只不过因为距离太遥远，人们没有观察到罢了。要想确定冥王星的构成，最好的办法就是确定它的密度。类地行星主要是由岩石和铁构成的，平均密度是 4.8 克/立方厘米；类木行星主要是由气体和液体构成的，平均密度是 0.96~1.1 克/立方厘米。冥王星的密度是多少呢？科学家们对它进行过多次测算，但得到的结果却不一样。最初，人们通过对天王星、海王星运动的摄动，测算出冥王星的平均密度为 35 克/立方厘米，竟比地球上最重的元素锇还大一倍。1971 年时，天文学家测定出它的平均密度为 6.5 克/立方厘米，比太阳系中所有的行星都大。而后来又测定出它的平均密度为 0.56 克/立方厘米，比太阳系中所有行星都小。面对着如此截然相反的结果，有的科学家指出，在至今也没有完全弄清冥王星的大小、质量和平均密度的前提下，首先需要讨论的不是冥王星为什么是岩石型行星的问题，而是要讨论它是不是岩石型行星。

目前，这种讨论不仅没有停止，而且范围还在扩大。美国有的物理学家和天文学家提出了一个全新的看法，认为天王星和海王星也不像原来设想的那样表面上覆盖着冻结的甲烷和氨。这两颗行星上的温度和压力都很高，有可能使碳转化成金刚石，盖住它们的表面。这虽然只是一家之言，但却足以说明要想确定冥王星的构成，并不是一件简单的事情。

科学未解之谜

冥王星也有大气层吗？

冥王星的公转运行轨道扁得出奇，它的近日点只有 44 亿千米，比海王星还近一些，而它的远日点距离太阳 74 亿千米，两者相差 30 亿千米。

由于距离太阳这样遥远，受到太阳的光和热很少，冥王星就变成了一个永恒的冰冻世界。正午时分，它的表面温度也只有–223℃；而当夜幕降临时，则会降到–253℃。在这样低的温度下，许多物质的性质会发生奇妙的变化：皮球比玻璃还脆，水银比钢铁还硬，鸡蛋落地竟能蹦起来。

既然冥王星上的温度这么低，那么它还会有气体挥发出来形成大气层吗？这个问题似乎没有讨论的价值，但有些天文学家却认为未必如此。

1978 年时，有人对冥王星进行光谱分析，发现它的表面至少有一部分由甲烷组成的冰。甲烷是一种碳氢化合物，是天然气的主要成分。由于甲烷的冰点接近绝对零度，即使在实验室中也很难制取固体甲烷，所以科学家还不大清楚甲烷结的冰究竟是个什么样子，据认为，它的密度为 0.56 克/立方厘米。如果冥王星上确实有甲烷冰的话，那么尽管冥王星上的光照十分微弱，甲烷还是会蒸发的，这样就会形成一个大气层。1979 年，有人果真在冥王星的光谱中发现了甲烷气的谱线，这就支持了冥王星也有大气层的说法。

第二种意见也认为冥王星上有大气层，但这个大气层只存在于它的向阳面，背阳面却没有。他们的理由是，如果甲烷是冥王星上唯一的气体的话，而只有在太阳光直接照射下，甲烷才会蒸发，这就决定了它只有向阳面才可能有一层薄薄的大气。

第三种意见认为，当冥王星处在远日点时，冥王星上只有向阳面才有大气层；而当冥王星进入近日点时，随着与太阳的接近，温度有所升高，在它的背面也可能出现一层

甲烷蒸气。

如果说冥王星上确实有一个大气层的话，那么甲烷就不应该是冥王星上的唯一气体。甲烷是一种很轻的气体，不和其他较重的气体混合，就会很快逃逸到星际空间中去。有的科学家推测，冥王星上可能还有氩、氧、二氧化碳或氮等气体，它们同甲烷混合，就把它留在了冥王星的大气层中。至于冥王星上到底有哪些气体，科学家们还搞不清楚，但是他们却能想出办法来。每隔124年，太阳、冥卫一、冥王星就会排成一条直线，冥卫一就会在冥王星表面投下一个冰冷的阴影。这时候，冥王星的大气层就会被冷却，根据各种气体各不相同的固化速度，就有可能查清冥王星上到底有哪几种气体。

科学未解之谜

太阳系中有冥外行星吗？

目前，人类已经发现了太阳系有八大行星。这八大行星有好几颗用肉眼就可以看见，比如金星，它的光芒非常明亮，有时在白天也可以看到。后来发现的几颗行星，由于离地球较远，人们在寻找它们时就花费了不少时间和心血。

1781年，在茫茫星空中，英国天文学家赫歇尔发现了太阳系的第七颗大行星——天王星。后来，科学家发现天王星运动“反常”，由此推测很可能在天王星之外还有一颗行星，它用自己的引力影响了天王星的运动。1846年，人们果然发现了它——太阳系的第八颗大行星海王星。

天文学家接着观测天王星和海王星，发现它们的运动仍然有些“反常”，由此推测可能还有一颗行星没有露面。天文学家又经过许多艰苦细致的工作，终于在1930年，由美国天文学家汤博找到了冥王星，当时把它定为太阳系的第九颗大行星。

可是天文学家很快就发现，冥王星太小了，它的引力不足以给其他行星那么大的影响，是不是还有一颗比冥王星还大的行星在作怪呢？

于是，人们就把这颗寻找中的第十颗大行星叫作行星“X”。在罗马数字中，“X”代表10，在数学中它又代表未知数。行星“X”的意思就是“未知的第十颗行星”。

天文学家想了许多办法来推测行星“X”的位置。一种方法是研究彗星和行星的关系。很多行星都和彗星是好朋友。在土星、木星、天王星、海王星、冥王星的轨道附近，人们都发现了不少彗星。而在冥王星以外，天文学家又观测到了几群彗星。天文学家猜想，它们的行星朋友也许就是那颗行星“X”。

1978年，人们又发现了冥王星的卫星。天文学家猜想，可能就是那颗未知的行星“X”用它巨大的引力从冥王星上拉出一大块物质，成了冥王星的卫星。

尽管找到了一些线索，但那颗行星“X”仍然杳无踪迹，不过，科学家们并没有灰心丧气，相反却热情越来越高。随着天文观测手段和计算技术的飞跃发展，很多科学家为行星“X”的存在提供了许多全新的理论依据。

有的科学家做了这样的比较：太阳系里最大的两个行星——木星和土星，质量分别只是太阳的1000多分之一和3600分之一，已知有16个和36个卫星绕着它们转。其余两个较大的行星——天王星和海王星，其质量还要少一个数量级，只有太阳的22000万分之一和20000分之一，分别拥有不少于15个和18个卫星。而太阳的质量是八大行星加上冥王星质量总和的740多倍，却只有区区八个大行星，实在是有些不大相称。

另外，太阳的引力很大，据估算，其所及范围不小于4500个天文单位，有可能达到6万个天文单位或更大一些。在这片辽阔的空间中，却只有八个大行星，而且还都“蜷缩”在离太阳中心不超过50个天文单位的区域里，那剩下的4400多个或近6万多个天文单位的空间，却是一大片空白，这实在太不合理了。

按照这种理论，太阳系不仅存在着第十大行星，还应该有第十一、十二、十三、十四……行星。

有人通过对哈雷彗星的运行特点进行分析，也提出了与上述理论几乎相同的观点。从公元295年哈雷彗星光顾地球到1835年之间，它曾回归过21次。资料显示，它经过近日点的实际日期，与计算的日期有明显差异。1835年那次，比理论推算的时间迟到三天。

科学家们发现,哈雷彗星过近日点的日期,大约以500年为周期进行变化。他们对此做出的解释是:当彗星运动到其轨道远日点附近的空间时,很可能由于那个人们猜想的行星,对它产生了摄动影响。当然,那个未知行星的绕日公转周期就应该是5000年。

在把彗星分成彗星族的情况下,至少有八个彗星的轨道远日点,都集中在38.0~45.4个天文单位范围内。它们明显地自成一族,却又似乎不与任何一个已知的大行星相关。它们被称为"冥外第一彗星族",与某个冥外行星很可能有关。非常有趣的是,从一些彗星的运行轨道来看,还有第二、第三乃至第四彗星族,它们分别由五、四、五个彗星组成。这样看来,冥外行星就不止一个,而且应该有两三个、四五个甚至更多一些。

以上两种理论的提出,鼓舞了很多相信行星"X"存在的人,但持不同意见的人却提出了疑问:为什么直到现在也没有发现冥外行星的任何蛛丝马迹呢?对此有的科学家推测道:如果在经冥王星更远的太阳系空间,确实存在着一个或多个行星的话,那么它们表面的温度一定是低到了极点,亮度恐怕也是微乎其微,这就是为什么光学望远镜一直未能找到它们的主要原因。因而他们认为,利用红外技术也许是一个合乎逻辑的设想。1983年1月发射成功的"红外天文卫星",就肩负着搜索冥外行星的使命。它果然不负众望,发现了一些遥远的低温天体,但它们中间是否有人期待的冥外行星,现在还很难说。

正当人们为冥外行星提出各种猜想时, 有的科学家已经开始计算它的距离和周期了。早在1946年,法国的一位科学家就得出了这样的计算结果:行星"X"的距离为77个天文单位,周期为679年。美国的一位天文学家根据1833年以来天王星和海王星所受的摄动,计算出它的距离为101个天文单位,周期为1019年,质量是地球的四倍,亮度为14等。根据后一种计算结果,一些科学家认为,这颗行星"X"能够被那些大型望远镜所观测到, 而且据说它当时就处在天蝎座银河最密集的部分。

然而,这些推算却与实际情况不大一样。发现冥王星的美国天文学家汤博, 曾花了14年时间去搜寻冥外卫星。他仔细审查了70%以上行星"X"可能出现的天空,结果却是一无所获。

从历史上看,人们在发现天王星之后,花了65年时间才找到了海王星,之后又过了84年才找到冥王星。从发现冥王星到现在已经过去70多年了,按理说发现行星"X"的日子应该为期不远了。

科学未解之谜

彗星是从哪里来的?

宇宙空间中有许多彗星,但绝大多数是小彗星,大彗星只有少数几个。大多数彗星又都是沿着又扁又长的椭圆轨道环绕着太阳运行,每隔一段时间才能来到距离太阳和地球较近的地方,比如,著名的哈雷彗星要每隔 76 年左右的时间才会来到太阳身边一次。因此,居住在地球上的人类,要想用肉眼看到彗星,机会是很难得的。

尽管如此,天文学家对于彗星的研究却一直没有停止。他们发现,彗星的体积虽然很庞大,却只是一团稀薄的气体。它的中心部分称作彗核,是由比较密集的固体质点组成的。周围云雾状的光辉叫彗发。彗发与彗核合称彗头。后面长长的尾巴叫彗尾,呈扫帚状。它是在彗星接近太阳时,受到太阳和太阳光的压力形成的,因而总是背着太阳的方向延伸出去。

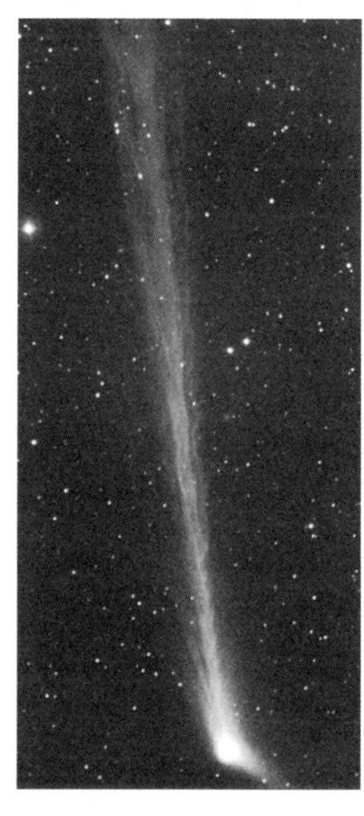

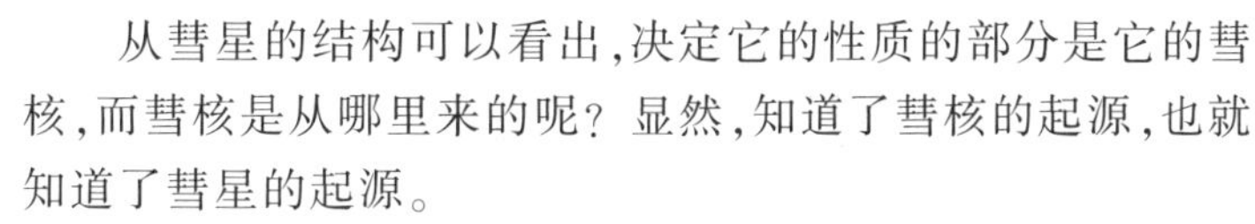

从彗星的结构可以看出,决定它的性质的部分是它的彗核,而彗核是从哪里来的呢?显然,知道了彗核的起源,也就知道了彗星的起源。

早在 1950 年,荷兰天文学家奥尔特就提出了一个有名的假设:在太阳周围存在着一个巨大星云团(后来被命名为奥尔特云),它就是一个彗星体库,里边有上亿个很小的固体状彗星核。在过往恒星的引力作用下,奥尔特云就向太阳系内部馈射彗星。

在奥尔特之前,天文学界已经对彗星的起源讨论了好几个世纪,有人认为它是太阳系的一部分,也有人认为它来自星际空间。奥尔特的假说提出后,似乎解决了这个问题。根据目前掌握的资料来看,没有任何彗星的轨道是明显地来自太阳系之外。这个事实也说明了彗星不大可能来自星际空间。

奥尔特的假说虽然为很多天文学家所接受,但这个假说是否完全正确，目前还不得而知。同时，新的研究结果也在不断丰富和改变人们对奥尔特假说的认识。

按照奥尔特的推测，恒星的引力作用改变了奥尔特云外部彗核的运动轨迹，从而可以连续不断地向太阳系内射入彗星。但是很多天文学家逐渐意识到，可能还存在着一种能量更大的作用掠走了奥尔特云外端的彗星。20 世纪 70 年代，射电天文学家发现银河系中存在着一种分子云，它的直径达 300 光年，质量为太阳的 100 万倍。当太阳相对银河系中心产生位移时，必将引起奥尔特云外端剥落大量彗星。据推算，在太阳系演化过程中，这样的碰撞发生过 10~15 次，每一次碰撞都导致奥尔特云的体积减小 1/10。

如果真是这样的话，那么太阳系中的彗星要比现在多得多，而实际情况却不是这样。这是为什么呢？有的天文学家推测太阳系在获得新彗星的同时，也失去了现在的部分彗星，从而使奥尔特云的体积几乎长期不变。也有的天文学家推测，太阳系在以高速运动时，不可能捕获新的彗星，只有当它运动极其缓慢时，彗星才有可能坠入太阳的引力“陷阱”。

还有的天文学家指出，除了分子云以外，还应该考虑到银河系的引力作用。太阳位于银河系的较边缘处，在那里恒星与气体形成了一个平面圆盘。当太阳穿越银河系空间时，将相对于该圆盘平面上下浮动。上浮时，作用于奥尔特云底部的圆盘拉力较强，就可以将彗星拉出。

彗星的起源是天文学界一个古老的课题，虽然至今还没有得到圆满的答案，但在研究过程中所取得的一些成果，却对理解太阳系及银河系具有重要的作用。

科学未解之谜

为什么会出现彗星雨？

考古学家在对化石资料的分析中发现，地球上的物种曾经遭受过周期性的毁灭。对于这种大毁灭的原因，很多学科的专家们都提出了各自不同的意见，而其中天文学家的意见最令人瞩目。他们认为，大量的彗星好像下雨一样周期性地洒落下来和撞击地球，由此造成了生物的普遍灭绝。

如果说确实存在着这种周期性的彗星雨，那么它又是怎样形成的呢？天文学家们对此展开了激烈的争论，虽然至今仍未统一意见，但提出了以下三种主要学说。

第一种是太阳伴星说。这一派的代表人物是戴维斯、马勒等。他们认为，太阳有一个看不见的伴星，叫作复仇女神，它以2600万年的周期绕着太阳进行公转。当它周期性地运行到离太阳最近的地方，奥尔特云中的彗星核就会在它的扰动下纷纷脱离自己的运行轨道，其中有几十个彗星可能与地球相撞。这种说法虽然不能说没有道理，但太阳存在伴星的猜测至今也没有得到明确证实。

第二种是冥外行星说。这种学说认为，冥王星以外还有一颗行星绕着太阳公转，当它的轨道与奥尔特云相交时，许多较小的彗星就会在它的带动下飞向地球。和第一种说法一样，冥外行星存在与否至今得不到证实。而且有许多专家认为，即使存在冥外行星，它能否产生上述作用也很值得怀疑。

第三种是太阳跳跃运动说。这种学说认为，太阳在绕着银河系运行时，并不总是水平运动，而是像旋转木马那样时起时伏。当太阳穿过银河系平面天体最密集的区域时，奥尔特云中的彗星就会在引力的作用下飞向太阳系。

总的来说，这一派的学说最为诱人。因为太阳系每隔3300万年左右就要穿越银道面一次，而根据很多学者的估计和推算，地球上生物灭绝的周期也在2600万~3300万年，这二者正好相近。此外，地球上陨击坑记录所显示出的周期，也差不多与此接近。这些都从侧面说明了最后这一派学说有可能是正确的。

科学未解之谜

彗星与地球上的生命有什么联系？

早在远古时期，我们的祖先就曾把彗星与瘟疫、洪水以及死亡联系在一起，把彗星的出现看作是灾难的前兆。当然，在今天看起来这些观点都是荒诞可笑的。可是，随着科技的发展，人类观测宇宙的视野不断拓宽，科学家们又重新开始考虑，彗星与地球上的生命到底是否存在某种联系呢？

大家都知道，生命的起源问题一直在困惑着人类。不少科学家推测生命起源于地球之外，其中更有一些人坚持认为彗星就是生命的发源地。这种学说的代表人物是英国著名科学家霍依尔，他认为“彗星携带并遍及宇宙地分发生命”。当然，他也承认彗星能传播瘟疫等病毒，可他争辩说，彗星含有产生和维持生命所必需的各种元素，并且彗核具有放射性，从而提供了一个温暖的“水塘”，生命就是在这样一个适宜的“水塘”中从基本元素开始发展起来。

霍依尔的学说在几个方面遭到了非难。首先，为了保卫生命形式免受酷寒和真空的伤害，这个温暖的“水塘”必须是绝缘的，被几千米厚的保护层所密封，可是谁也保证不了这一保护层的稳固性，并且事实上，人们常常观测到彗星会莫名其妙地分裂。所以有人认为，这种暖“水塘”能长期存在直至生命形成，实在难以想象。其次，即使这种暖“水塘”能够长期存在，但彗星上的能源十分缺乏。在彗星深处没有光，除了少量显然不利于生命的放射线之外，别无其他能源，怎么可能产生生命呢？

基于以上原因，当代彗星研究的权威人士惠普尔对此学说深表怀疑，但他不否认彗星可能对构成生命的元素做过贡献，并且认为我们人体中的某些元素也来源于彗星。他是从太阳系演化的角度来考虑这一问题的，认为彗星在产生其他行星时留下大量残余物质，由于引力的摄动而进入地球。但是这一观点的正确性却无从证实。

近来，又有科学家从另外的角度来考虑彗星与地球上生命的联系。根据确切的科学资料，地球在6500万年以前遭到过一次毁灭性的撞击，造成大量生物灭绝，其中就包括恐龙。由此许多科学家认为，这种撞击是由彗星造成的，并且有资料表明这种撞击是周期性的，正是“彗星雨”周期性地洒落下来和撞击地球，才导致了地球上大量生物的灭绝。

对于这一学说，科学家们争论的焦点在于彗星雨的机制方面，太阳伴星说、冥外行星说、太阳跳跃运动说等各持己见，没有定论。那么，究竟是彗星带来了地球上的生命，还是彗星的撞击导致了地球生物的灭绝呢？科学家们至今还无法取得一致意见。

信不信由你

“不祥”的彗星

古时候，中国人把彗星称为『扫帚星』、『灾星』。像这种把彗星的出现和人间的战争、饥荒、洪水、瘟疫等灾难联系在一起的事情，在外国也很普遍。公元1066年，诺曼人入侵英国前夕，正逢哈雷彗星回归。当时的人们怀着惴惴不安的心情，注视着夜空中这颗拖着长尾巴的古怪天体，认为这是上帝给予的一种战争警告和预示。后来，诺曼人征服了英国，诺曼人统帅的妻子就把哈雷彗星回归的景象绣在一块挂毯上以示纪念。实际上，彗星不过是在扁长轨道（极少数是近圆轨道）上绕太阳运行的一种质量较小的云雾状小天体。

太阳正在缩小吗?

每天清晨,旭日东升;每天傍晚,夕阳西下。仿佛天天如此,年年相同。在人们的感觉中,月亮还是那个月亮,太阳还是那个太阳。可是如果有人说,今天的太阳比昨天要小一些,今年的太阳也比去年的太阳小一些,你会不会觉得这个说法有些荒唐可笑呢?

可是,有的天文学家经过长期观测和研究,却证明了太阳确实正在缩小。1979年,美国青年天文学家艾迪对英国格林尼治天文台长达117年的子午环太阳观测记录进行了细致的研究,发现太阳的角直径每年大约减少一角秒,这相当于每年缩小8000米,每天缩小20米。如果按照这种推算,大约17万年以后,太阳就会从太空中消失。艾迪还指出,有人推算出1567年4月9日的日食应该是一次日全食,然而实际观测记录却表明是一次日环食。这说明了那时的太阳比现在大,以至于月亮实际上不能完全遮掩住日面,因而造成了日环食。

艾迪的这一结论是十分令人震惊的。如果确如其说,太阳的"萎缩"将会对地球和人类产生严重的甚至是毁灭性的影响。

许多人怀疑艾迪结论的正确性。他们认为,太阳不可能长期以来都以这样的速率在收缩变小。如果真是这样的话,太阳在它产生的早期应该比现在大得多,辐射也强得多。但是,在人类居住的地球上,还不能够从地质、古生物和古气象等资料中得到相应的证据。同时,也有人分析了其他天文台的同类太阳观测资料,结论却是近二三百年来,太阳的直径并没有发生多大的变化。

这两种观点各执一端,莫衷一是。为了深入研究有关太阳大小的变化规律,需要有一种不同于"子午环观测"的测定太阳直径的独立方法。1973年,美国科学家邓纳姆曾提出,利用日全食或日环食的机会,在全食带或环食带两个边缘记录"倍利珠"出现或消失的时刻,这样就可以精确地推算出太阳的光学直径。"倍利珠"又叫"金刚钻戒"

现象,它是日全食刚刚开始时或刚刚结束的那一瞬间,太阳边缘出现的一两个或两三个珍珠似的闪光，这是由于阳光穿过月面山谷的细小狭缝而造成的。首先发现这种现象的是英国天文学家倍利,因而被命名为“倍利珠”。后来,邓纳姆分析了1915年、1976年、1979年以及1983年的日食观测资料,发现太阳直径确实有缩小的趋势,平均每百年缩小0.1129,比艾迪提供的数据要小得多。1987年,中国天文学家万籁等人，利用当年9月23日发生在中国中部的日环食,再一次测出了太阳的直径每百年缩小330千米,或每年缩小3300米。

但也有人进一步提出疑问，利用日食机会确定太阳直径的工作只是在最近10多年来才达到了较高的精度。而1715年的资料，由于当时的观测水平和技术条件等因素，是否可靠还不能做定论。因此,依据1715年的观测结果来与今天的观测结果相比照,这是不科学的。

究竟是1715年的资料有误,还是太阳确实正在缩小,人们正期待着天文学家给予正确的回答。

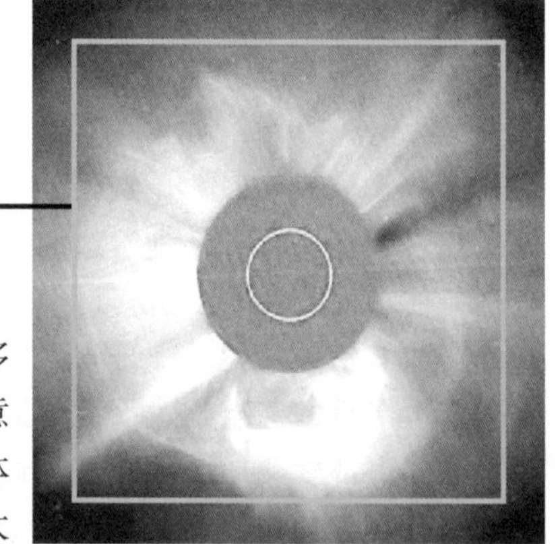

科学未解之谜

太阳为什么会振荡呢?

1960年,美国天文学家莱顿利用物理学中的多普勒效应，测量太阳表面气体物质的运动状况,意外地发现了一个令人惊讶的现象:太阳表面的气体物质都在持续不断地有规律地上下振动着,整个太阳犹如一个巨大的搏动着的心脏。换句话说,太阳就像我们人的心脏一样,在不停地活动着。这一发现,是20世纪60年代初天文学界的一项重大发现。

天文学家经过进一步观测之后发现，太阳表面气体物质上下涨落的总幅度为几十千米。在任何一段时间里,太阳表面总有2/3的区域在蔚为壮观地振荡着。太阳表面某一固定地点的气体急剧振荡几次之后，还会缓和一段时间，再开始下一次新的振荡。平均说来,它们的振动周期大约为5分钟。因此,科学家们将太阳表面的这种振荡又称为5分钟振荡。

莱顿的研究和发现，引起了世界各国的天文学家的高度重视和浓厚的兴趣。科学家们经过进一步观测发现，5分钟振荡周期仅仅是太阳振荡的一种形式，在7分钟至50分钟之间还有好几种周期。1976年，苏联天文学家发现太阳上面还有一种长达160分钟的振荡。后来，美国和法国的天文学家都证实了这一发现。

太阳表面的振荡，这在科学界已是一个不会引起争论的问题。然而，太阳表面为什么会振荡呢？太阳的振荡现象究竟是怎样产生的？这些问题却使科学家们争论不休。目前，虽然科学家们的看法还不统一，但有一种观点却为大多数人所认同。

这种观点认为，振荡虽然发生在太阳表面，但是其根源一定是来自太阳的内部。使太阳表面产生振荡的因素可能有三种，即气体压力、重力和磁力，由它们产生的波动分别称为“声波”、“重力波”和“磁力波”。这三种波动还可以两两结合，甚至可以三者合并在一起。就是这些错综复杂的波动，导致了太阳表面气势宏伟的振荡现象。科学家们认为，太阳5分钟振荡可能是由于日心引力引起的重力波造成的。

这种解释虽然不一定是正确答案，但发现太阳表面在振荡这个现象，却给人们揭开太阳内部的奥秘带来了希望，因此科学家们对太阳振荡现象做了大量的分析和研究工作，并且由此形成了太阳物理学的一个新的分支——日震学。当地球上发生大地震时，人们可以测量地球的振荡，并且可以利用地震波来分析地球内部的结构。那么，人们是不是也可以利用太阳的振荡来分析太阳内部的结构呢？这是日震学最终要解决的问题。

美国大熊湖太阳观测台

科学未解之谜

太阳上为什么会有黑子？

1607年5月18日这一天，德国天文学家开普勒正在观测太阳，突然发现太阳圆面上有个小黑点。他以为这是金星凌日造成的，也就没有加以追究。其实，那个小黑点就是太阳黑子。

开普勒发现了行星运动三定律，是一代天文学大师，怎么会如此粗心大意呢？说起来这也怪不得他，在他生活的那个时代里，人们的思想被宗教观念紧紧地束缚住了。教会宣称，所有天体都是上帝创造出来的，万能的主不会创造出一个有瑕疵的天体，太阳和月亮都是最光滑、最标准、最完美的球体，谁敢有丝毫怀疑那就是异端邪说，就得遭受严厉的惩罚。

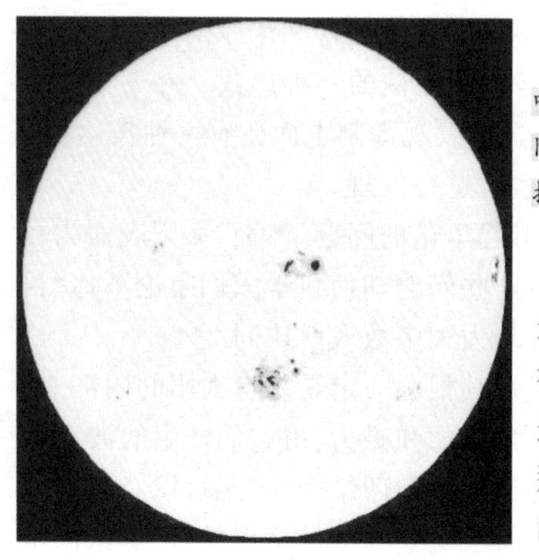

太阳上经常会出现暗黑色的斑点，这在天文学上就叫太阳黑子。太阳黑子是太阳上较冷的区域，它们比太阳表面的平均温度要低1000℃，因此在明亮的背景衬托下，看起来就显得比较黑了。

当时有个名叫席奈尔的天主教士，他在用望远镜观测太阳时，也发现了上面有黑点。他觉得很奇怪，就去向主教大人求教。主教听了他的叙述后，不耐烦地说："孩子，放心好了！这一定是你那该死的望远镜出了毛病，不然就是你太累了，眼睛出了毛病。"

不管教会如何否定，太阳黑子的存在都是无可争辩的事实。几百年来，天文学家们对它做了大量观测，使得人类对太阳黑子的认识越来越深入。

太阳黑子最大的特征就是具有强大的磁场，但不同黑子的磁场其强度差别很大，大黑子的磁场强，小黑子的磁场弱。黑子经常成双成对地出现，其中的两个黑子的磁性正好相反。磁力线从一个黑子出来，进入到另一个黑子之中。

太阳黑子是不断变化的。日面上的黑子数总不一样。一个黑子的寿命通常是几天，但是也有少数黑子的寿命长达1年以上。太阳上黑子的多寡，代表着太阳活动的盛衰强弱。

太阳上为什么会出现黑子呢？通常的解释是，由于黑子中强大的磁场阻止了光球中能量的传递，使得太阳深处的热量无法传到黑子中去，那一部分的温度就比较低，同周围温度较高的区域相比，就显得暗淡一些，这就成了人们经常看见的太阳黑子。

还有一种观点认为，太阳上出现黑子是由于黑子中的能量大量地向外传播，使得它本身的温度降低，所以就变得黑暗了。

以上两种解释都部分地说明了太阳黑子出现的原因，却显得有些简单。要想充分说明太阳黑子形成的真正原因，显然还需要科学家坚持不懈的探索。

科学未解之谜

太阳黑子存在着什么样的活动周期?

太阳黑子的增多和减少，呈现出明显的周期性。太阳黑子是太阳活动的主要标志，其他各种太阳活动都与黑子的多少有关,所以太阳黑子的周期性变化也就是太阳活动的基本规律。

那么，太阳黑子存在着什么样的活动周期呢？在这个问题上不同的意见层出不穷,简直达到了令人眼花缭乱的地步。有人提出太阳黑子的活动周期长达2000年,有人认为存在着短到一年的周期，此外还有169年、178年、190年、200年、400年、430年、600年、800年、1000年、1700年等各种说法。

在这些令人头晕目眩的周期中,最可靠的无疑是11年和22年这两种周期,它们都得到了大量观测证据的支持,因此基本上得到公认。此外还还存在着一个80年左右的周期,称为世纪周期,也得到了比较普遍的承认。

太阳黑子的11年活动周期早在19世纪时就被发现了。在这个周期开始时的4年左右时间里,黑子不断产生,越来越多,活动加剧,在黑子数达到极大的那一年,称为太阳活动峰年。在随后的7年左右时间里,黑子活动逐渐减弱,黑子也越来越少,黑子数极小的那一年,称为太阳活动谷年。国际上规定,从1755年算起的黑子周期为第一周,然后按顺序排列。

太阳黑子的22年活动周期又叫磁极转换周期,它是由美国天文学家海耳于1919年提出来的。

1908年,海耳发明了一种观测太阳黑子磁场的方法,并发现黑子往往成双成对地出现。太阳北半球的前导黑子为S极时,后随黑子的磁性便为N极,而且整个北半球上黑子的磁性都是这样。在此期间,南半球上的前导黑子为N极,后随黑子为S极。经过22年的一个周期后,黑子的极性好像接到了统一命令,全都颠倒过来,即北半球上的前导黑子一律为N极,后随黑子一律为S极,南半球恰好相反。再过一个周期,黑子磁场的极性又会恢复到22年前的样子。

磁周期的发现对于人们深入认识太阳活动的本质有着重要意义，但是为什么一个磁周期里包含着两个一般所说的11年黑子周期呢？磁周期又有着什么样的物理意义呢？这些问题一时还难以说清楚。

关于太阳黑子周期的最大讨论是由美国天文学家艾迪挑起的。1976 年，艾迪发表了一项重要的研究成果，认为太阳黑子的 11 年周期并不是太阳活动的基本规律，而只是最近二三百年来才有的一种短暂现象。

艾迪的这个观点实际上是对未被重视的“蒙德尔极小期”的肯定。蒙德尔曾任英国皇家格林尼治天文台的台长，他于 1894 年指出，从 1645 年到 1715 年这 70 年间，太阳活动平均水平特别低，天文学上把这段时间就命名为“蒙德尔极小期”。

蒙德尔注意到，在这 70 年间，太阳极少出现黑子，而与此同时，欧洲的气候变得十分寒冷，伦敦的泰晤士河上结了厚厚的冰，竟然变成了集贸市场。所以，欧洲人把 17 世纪称为现代的“小冰期”。

艾迪收集了很多证据，证明“蒙德尔极小期”确实与太阳活动有关。当太阳活动较强时，地球大气中碳的含量较小；当太阳活动较弱时，地球大气中碳的含量较多。对树木年轮的研究结果表明，17 世纪后半期树木中含碳量比较高，这足以说明这段时间内太阳活动较弱。还有，当太阳黑子比较多时，地球高纬度地区常常可以在夜空中见到极光，而在那 70 年间，欧洲只出现了不足百次极光，而一般每个世纪里都会有好几千次的极光记录。

根据这些证据，艾迪进一步指出，在近 7500 年间，太阳活动的水平并不是相同的，而是经过了一系列的极小期和极大期，“蒙德尔极小期” 只是其中比较有名的一个，它至少发生过 8~10 次。

艾迪的见解一提出来，立刻引起了一场轩然大波。如果“蒙德尔极小期”确实存在，那么关于太阳活动的现有理论势必会被推翻，因此许多人对此抱怀疑态度。当然，也有不少人支持艾迪的观点。比如，苏联的一些学者认为，“蒙德尔极小期”可以说是太阳活动的普遍现象，至少在过去的七八千年间是这样。

在这场争论中，还出现了一种比较中立的意见，它承认太阳活动存在着比 11 年更长的周期，比如几百年或更长一些，而那段有争论的 70 多年的周期，有可能正处在某个更长周期的低潮。

应该这样说，不管太阳黑子存在着多少年的活动周期，在过去的 3000 多年中，太阳的活动还是有规律可循的。但是，太阳的年龄是以亿为计算单位的，在几万、几十万，甚至几亿年的时间里，太阳活动的变化情况究竟如何，又是什么原因引起了这些周期性的变化，这些问题显然已经超出了人类目前的认识范围。

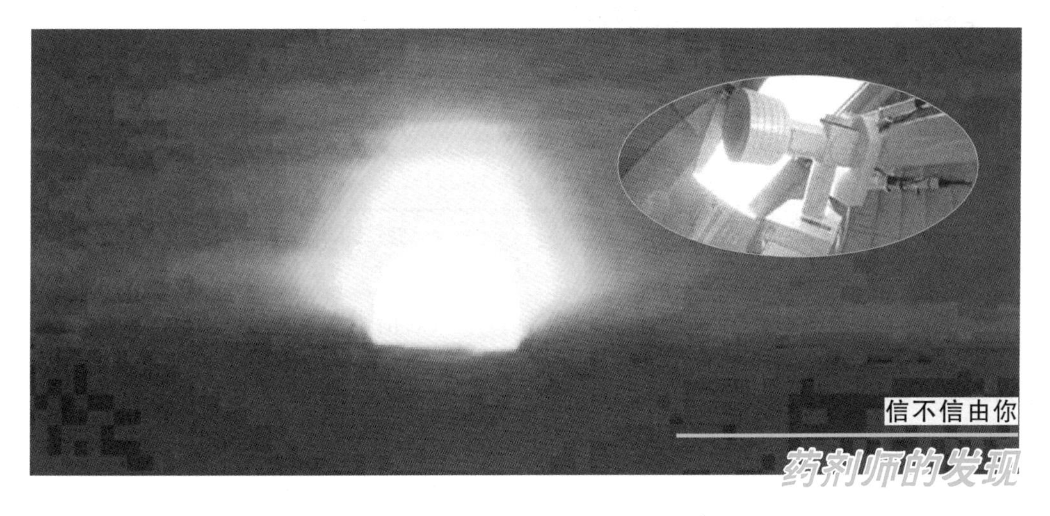

信不信由你

药剂师的发现

19 世纪初,在德国一个名叫德萨乌的小镇上,有个药剂师叫亨利·施瓦贝。他是个天文迷,把业余时间都用在观测天象上。当时的天文学家刚刚发现水星的轨道运动有些异常,都认为一定有一颗未知的行星在拉着水星。这颗未知的行星在哪儿呢?施瓦贝跃跃欲试,决心把它抓住。

施瓦贝这样分析道:这颗未知的行星可能很小,发出的光线也很微弱,不容易发现。但当它运行到太阳和地球之间时,由于它面向地球这一面是暗的,所以必定会在明亮的太阳面上留下一个慢慢移动的小黑点。抱着这样的想法,施瓦贝开始观测太阳。

没多久,施瓦贝就发现事情并不像他想象的那么简单。太阳表面上有许多大大小小的黑点,它们就是太阳黑子。为了把黑子和行星的黑影区别开来,施瓦贝就动手把日面上的黑子画成图,一一如实记录下来。

施瓦贝这一画就是整整 17 年,一个晴天都没放过,他画的黑子图装满了好几个柜子,那个未知的行星还是没有露面。施瓦贝不禁发生了怀疑,在这 17 年时间中,那颗行星难道一次也没有从日面上经过吗?莫不是把它的影子当成太阳黑子了?想到这里,他便暂时停止了观测,开始分析研究他画出的那些黑子图。又经过了无数个不眠之夜,他还是没有找到那颗行星的踪迹,却意外地发现,太阳黑子的活动是有规律可循的,大约呈现出 11 年的变化周期。

1843 年,施瓦贝把他发现的这个规律写成论文,寄给《天文通报》,那家杂志的编辑认为药剂师哪里懂什么天文,就把这篇文章顺手丢在一边。直到 1859 年,有位天文学家听说了这件事,很感兴趣,就从厚厚的档案里找出了施瓦贝写的那篇论文,并把它发表了出来,很快就得到了天文学界的公认。这时的施瓦贝已经从一个青年变成了双鬓染霜的老人了。

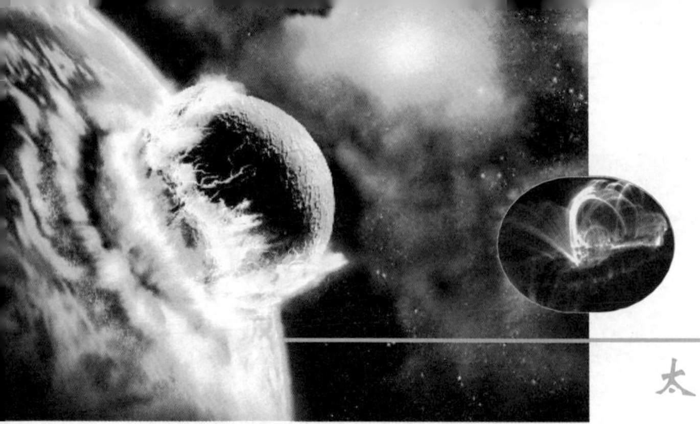

太阳耀斑是怎样产生的？

1859 年 9 月 1 日，两位英国的天文学家分别用高倍望远镜观察太阳。他们同时在一大群形态复杂的黑子群附近，看到了一大片明亮的闪光发射出耀眼的光芒。这片光掠过黑子群，亮度缓慢减弱，直至消失。

这就是太阳上最为强烈的活动现象——耀斑。由于这次耀斑特别强大，在白光中也可以见到，所以又叫“白光耀斑”。

耀斑发生在光球之上、日冕之下的太阳大气的中间层，人们把这个部分叫作色球。当耀斑出现时，先是一个亮斑，接着其亮度迅速增大，有时在数十秒钟到一二十分钟内就能释放出相当于整个太阳在一秒钟内辐射出的总能量。一个特大耀斑释放的总能量高达 1026 焦耳，相当于 100 亿颗百万吨级氢弹爆炸的总能量，所以有人又把它称为色球爆发或太阳爆发。

耀斑的寿命通常只有几分钟，个别耀斑能长达几小时，但它来势凶猛。除此之外，它还有一个显著特征，就是辐射的品种繁多，不仅有可见光，还有射电波、紫外线、红外线、X 射线和伽马射线以及各种波长的电磁辐射，可以说是应有尽有。这些辐射到达地球之后，就会严重干扰电离层对电波的吸收和反射作用，使得部分或全部短波无线电波被吸收掉，短波衰弱甚至完全中断，高纬度地区频频出现极光。

人们发现，耀斑通常出现在太阳大黑子和黑子群上空，这说明二者之间是有联系的。有一种观点认为，太阳黑子是太阳上某个区域温度降低而形成的。如果这个观点是正确的，那么耀斑就应该是吸收了黑子传送出来的大量能量后形成的，所以才会有惊人的爆发。

人们又发现，在耀斑发生前后，它附近的局部磁场会有所改变，这说明磁场与耀斑之间也有某种关系。可是根据科学家们获得的大量资料，一般在耀斑爆发前，它附近的磁场并没有发生显著的变化，这似乎又说明磁场并不是产生耀斑的主要原因。

面对着这两种互相矛盾的说法，人们不禁感到有些茫然。如果说耀斑与磁场无关，那么它巨大的能量是从哪里来的？如果说耀斑与磁场有关，那么磁场又是怎样积累能量的呢？即使我们找到了耀斑的能量来源，新的疑问又会冒出来：它为什么一下子就把那么多能量释放出来了呢？此外，耀斑所释放出来的各种辐射，彼此之间的性质有很大差别，但它们却能同时迸发出来，这也不大好理解。

科学已揭之秘

遥远的太阳

太阳与地球之间的平均距离为15000万千米,几乎是月地距离的400倍。为了获得这个数值,科学家们付出了几代人的努力。

早在古希腊时,就有一个名叫阿里斯塔克的天文学家,利用月亮上、下弦成为半月的机会来测定太阳的距离,他得出的结论是太阳离地球比月球远18~20倍。应该说阿里斯塔克的想法是对的,但当时的仪器很简陋,因此他得出的结论就谬之千里了。

1672年,正逢火星"大冲",这时候它离地球最近。法国巴黎天文台首任台长乔·卡西尼抓住这个机会,设计出了一种精巧的办法,来测定太阳与地球的距离。他先测出火星的视差,从而推算出太阳的视差即距离。最后得出结论,太阳与地球的距离为13800万千米。他的论文刚一发表,立即引起了一片欢呼。科学家们欢呼是因为得到了一个极其重要的天文常数,法国的皇帝和大臣们欢呼,则是因为法国的"版图"扩大到了天空中。

20世纪初,天文学家得知,1931年时有一颗名叫"爱神星"的小行星将发生"大冲",届时它能跑到距离地球2500万千米的地方,这要比火星"大冲"时与太阳的距离近一倍多。为了抓住这个天赐良机,国际天文学联合会兴师动众,把14个国家的24个天文台、站组织到一起,进行了一场空前规模的联合观测。这些天文台、站进行了将近300次观测,人们又花了整整七年时间对这些观测资料进行分析归纳和综合处理,最后得到的日地距离为14967万千米,后来又进一步修正为14958万千米。

到了近代,出现了雷达和激光技术,人们轻而易举地就获得了更精确的日地距离值——14959.7892万千米,其误差不超过±1千米。后来,国际天文学联合会又做出决定,从1984年开始,日地距离平均值采用14959.7870千米。也就是说,太阳离地球有1.5亿千米那么远!

假设太阳和地球之间有一条康庄大道,一个人用每小时5000米的速度步行,他昼夜不停地前进,将走3500年才能到达太阳。如果是乘坐时速100千米的火车,从地球到太阳也得花上170多年。假如太阳上有一天发生了大爆炸,地球上的人要在14年后才能听到这巨大的声响。世界上速度最快的莫过于光了,每秒钟能跑30万千米。让太阳光往地球上跑,那也得需要499秒才能到达。假设太阳突然不发光了,地球也要过八分钟才能陷入黑暗之中。

为什么日冕的温度那么高?

根据一般科学常识,热能只可能从温度高的物体传递到温度低的物体,而不能从温度低的物体传递到温度高的物体, 因而离热源越远的物体,温度也就越低。但在自然界里却有例外的情况。日冕是太阳最外层的大气,可它的温度却高于光球,即人们所看到的太阳表面。

太阳中心的温度至少在1500万~2000万℃以上,光球层的温度大约是5.7万℃,即太阳表面温度不超过6000℃,而在厚约500千米的光球层顶部,即光球与色球的交界处,温度大约为4600℃。从这向外,越往外温度不是逐渐降低,而是逐渐上升,在光球之上2000余千米处的色球顶部,温度竟达到了几万摄氏度。从此进入色球与日冕层的过渡区,厚度虽然只有1000千米左右,但温度却急剧地上升到几十万摄氏度,再往上达到日冕部分,温度达到百万摄氏度以上,个别区域竟达到好几百万摄氏度。这简直令人难以想象。

日冕温度能有这么高吗?许多人对此有疑问,但天文学者们运用了光谱分析、射电观测等手段去进行检验,结果却证明了日冕高温是无可辩驳的事实。

这种反常的增温现象究竟是怎么回事儿呢?从20世纪40年代开始,科学家们就一直在努力探索,试图揭开这其中的奥秘。在很长一段时间里,“声波加热机制”理论得到了大多数科学家的认同。

这种理论认为:在光球下面的对流

1931年,法国天文学家李奥特发明了日冕仪,这一发明使人们在阳光普照时也能对日冕产生的光线进行观测。在日冕仪的帮助下,人们最终发现日冕是太阳的一部分。日冕仪最初必须放到高山上使用,以避免地球大气散射光的影响,现在已经可以把它放到火箭、轨道天文台、空间站上进行大气外观测。

层内，由于大量气体的对流运动而发生了很大的波动，其中包括声波。声波在外传过程中，把能量也带到了光球层，并继续向色球、日冕层传去。可是，越往外，太阳大气也就越稀薄，而依靠物质振动进行传播的声波，因其传播条件越来越差而只得放慢速度直至最终停止。可以做这样一个比喻：声波就好像是一列满载热能的火车，沿途都要往下卸热能，在到达日冕“站”时，发现前面无路可走，就只得把剩下的热能一股脑地就地卸下。这样日积月累下去，日冕的温度就上升到了百万度以上。

20 世纪 80 年代初，很多科学家在对上述学说进行了大量探讨和理论分析之后，倾向于放弃“声波加热机制”学说。此后又有人提出了“磁场加热机制学说”和“激波加热机制学说”，但是这两种学说还是不能令人信服地解释日冕高温之谜。

目前，科学家们对日冕高温现象原因揭示的研究还处于开始阶段。究竟日冕的温度为什么会那么高，这是太阳物理学中的一个重要课题。要想提出一种完善的而又合乎科学的理论，大概还需要一段相当长的时间，这也许是 21 世纪人类要解答的重要天文学问题之一。

科学未解之谜

日冕上为什么有“洞”？

冕，在中国古汉语里的意思是帽子，太阳发生日冕时，可真像戴了顶大“帽子”。

日冕是在日全食时人们所经常看到的天文现象。它颜色淡雅，白里透蓝，美丽而逗人喜爱。日冕的形状随太阳活动的强弱而有很大的变化：太阳活动峰年时，日冕大致是圆形，像个宽宽的光晕裹在太阳周围；太阳活动谷年时，日冕在太阳两极地区呈现为羽毛状的光芒，而在赤道附近则拉得很长。日冕一般分为两层：内冕，大致延伸到离太阳表面约 0.3 个太阳半径处；外冕，可以一直伸展到好几个太阳半径处，甚至更远一些。

不管日冕看起来是什么模样，它各处的亮度几乎相差无几。可是如果对它进行 X 射线拍摄，那么照片上的情况就与人们肉眼所见到的形象大不一样。人们可以看到，在日冕中经常有大片的暗黑区域，其一般形状是长条形的，很不规则，在天文学上，这叫作“冕洞”。

最初发现冕洞的是瑞士天文学家瓦尔德迈尔。1950 年，他通过地面观测首次发现了这一现象。1964 年，人们才利用 X 射线设备在高空首次拍摄到了冕洞照片。

天文学家经过研究认识到，冕洞确实可以说是“空洞洞”的，在这些“洞”的下面，是完全没有 X 射线的光球层。冕洞并不像人们原先想象的那样处在太阳活动区,相反却处在宁静区。冕洞的温度和密度都比日冕的其他部分要低得多。冕洞还是太阳磁场开放的区域,那里的磁力线向外张开,这样,带电粒子就可以自由地沿着磁力线从太阳内部跑出来。这就是天文学上所说的“太阳风”现象,冕洞自然就是太阳风的风口了。

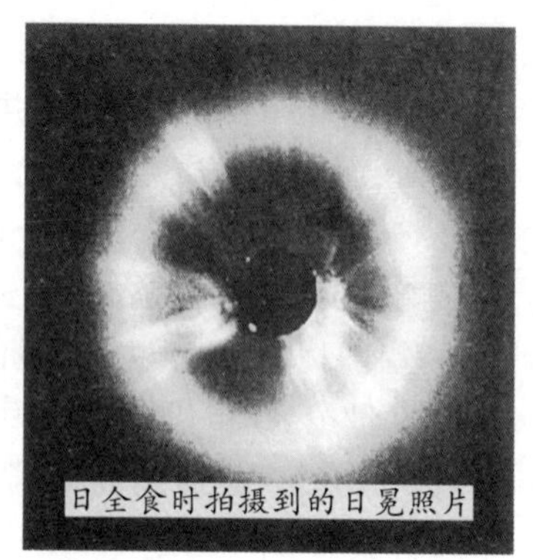
日全食时拍摄到的日冕照片

冕洞的发现和被证实,解决了一个多年来悬而未决的科学疑问。许多年以来,科学家们就注意到,由太阳引起的磁暴具有明显的周期性,周期约 27 天,与太阳赤道部分的自转周期相当,这使人们自然认为,它与太阳有关。可令人们纳闷的是,当这类磁暴发生时,太阳表面上往往并没有显著的活动区。那么,这种现象该由太阳表面上的哪一部分负责呢?这个问题得不到解决,科学家们只能把引起磁暴重复出现的有关的区域叫作“M 区”,M 是英文“神秘”一词的开头字母,“M 区”的意思就是“神秘的区域”。1976 年,科学家终于证实,一直被寻找的 M 区,就是太阳赤道上的冕洞。这样,M 区、冕洞、太阳风之间的关系,大体上就已经弄清楚了。

现在,关于冕洞的所有物理特性,人们并没有完全搞清楚。冕洞是怎样形成的呢?科学家们还没有提出相关理论。关于冕洞的研究,乃至关于日冕的研究,其历史也只有短短几十年的时间。这个领域将是今后天文学家们大显身手的广阔天地。

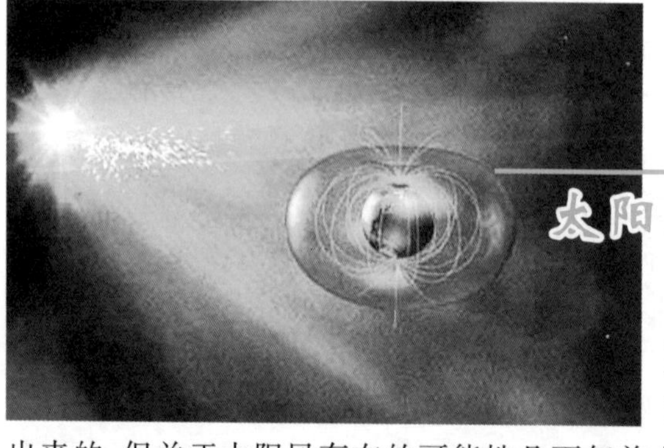

太阳上为什么也会“吹风”?

太阳和地球一样,上面也会“吹风”,科学家们将其命名为“太阳风”。“太阳风”的名称是 20 世纪 50 年代提出来的,但关于太阳风存在的可能性几百年前人们就提出过猜想,后来是通过彗星的尾巴得到证据的。

一个带着尾巴的明亮彗星出来时,彗星的方向总是有规律的:不论在任何时候和任何情况下,彗星总是背着太阳。换句话说,在彗星越来越接近太阳的阶段,彗头在前好像拉着彗尾一起前进,彗尾冲着与太阳相反的方向延伸开去。在彗星越过绕日轨道上的近日点,越来越离开太阳的阶段,彗尾冲着与太阳的相反方向延伸的现象还是不变，可是看起来却好像是彗尾在前拉着彗头一起离开太阳。

这种现象使人们联想到生活中的情景：逆风行走的时候，人的头发自然向后飘；顺风行走的时候，头发就会被吹到前面来。于是，许多人相信，太阳上也在“刮风”。可这是一种什么样的风呢？

有人认为，太阳除了辐射出来的可见光之外，一定还有各种带电的粒子从它那里来到地球上，只是人们暂时还没有发现它们而已。这实际上已经指出了太阳风的存在。美国天文学家帕克进一步描述了来自太阳的这股“风”。他认为，日冕没有明确的边界，而是处于持续不断的膨胀状态，使得高温低密度的粒子流高速而稳定地“吹”向四面八方，膨胀速度可以达到每秒 400~800 千米。

后来，人造地球卫星所做的观测，也完全证实了太阳风的存在，它确实是一股非常强劲的风。在地球轨道附近，太阳风的速度在每秒 450 千米左右。人们知道，地球上 12 级的台风，其风速也不过只有每秒三四十米。幸好太阳风是一股极为稀薄的风，它每立方厘米体积中只有 1~10 个质子，比地球实验室所能制造的“真空”还要“真空”得多，所以太阳风是很宁静的。

在太阳黑子较多、活动较强的时候，太阳抛出来的粒子流的速度就会成倍增加，太阳风的速度可达到每秒 1000~2000 千米，这叫作“扰动太阳风”。速度这么快的太阳风，究竟能吹多远呢？科学家们考虑了空间各种物质成分对它存在的影响之后，推算出太阳风的最远边界大致在 25~50 个天文单位之间。

太阳风对研究行星磁场中出现的各种物理过程，行星际磁场的结构，特别是地磁扰动现象，是一个非常重要的因素，只是目前人们对它的观测和研究还很不够，对它的本质的了解还需要做大量的工作。如果解决了上述问题，将使天文学的研究产生一个巨大的飞跃。

科学未解之谜

为什么太阳的中微子会失踪？

早在 1931 年，奥地利物理学家泡尔就根据理论推测出，在原子核聚变反应的过程中，不仅会释放出大量能量，而且还会释放出大量的中微子。1956 年，美国科学家莱因斯和柯万在实验中直接观测到了中微子，从此中微子引起了天文学家的注意。他们认为，如果太阳真的像理论上

中微子的秘密

中微子就是“中性的小家伙”的意思。它是一种质量非常小、不带电的基本粒子，显示为中性，不跟周围的物质发生作用，可以自由穿过地球，不愿显露自己，人们很难观测到它的存在，号称宇宙间的“隐身人”。宇宙中充斥着大量的中微子，大部分为宇宙大爆炸的残留，大约为100个立方厘米。中微子有大量谜团尚未解开。首先，它的质量尚未直接测到，大小未知；其次，不知它的反粒子是它自己还是另外一种粒子；再次，中微子振荡还有两个参数未测到，而这两个参数很可能与宇宙中暗物质的缺失之谜有关；最后，不知它有没有磁矩。

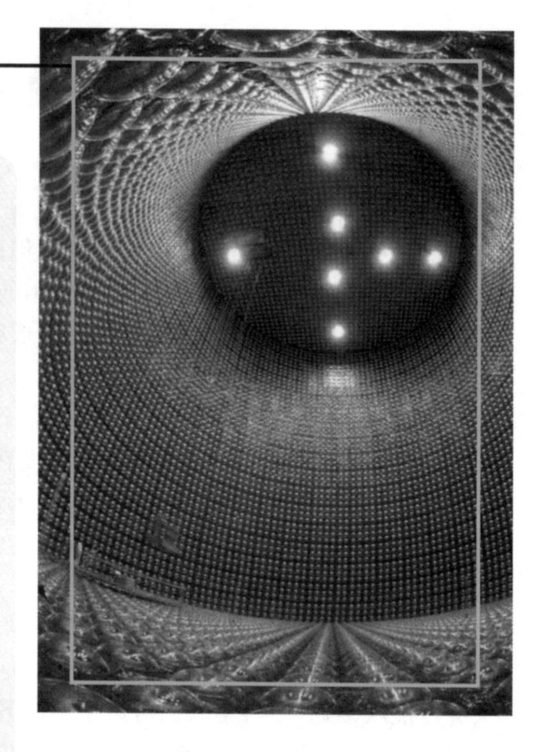

所说的进行着热核反应的话，一定能产生大量的中微子。中微子的穿透能力极强，能够穿透1000个地球而不被阻挡。也就是说，它一经产生，就会一直在宇宙中游荡。据计算，太阳内部每秒钟能产生出大约2×10^{43}个中微子，地球表面每平方厘米的面积上，每秒钟就要遭受到几百亿个太阳中微子的轰击。在宇宙中，来自太阳的中微子更应该到处都是，它们畅行无阻地射向四面八方。

1968年，美国布盖克海文国家实验室的科学家戴维斯等人做了一次捕捉太阳中微子的实验。他们在美国南达科他州的一个深1500米的金矿里，安放了一个装有380立方米化学溶液(四氯乙烯)的大钢罐。当中微子穿过这种溶液时，就会和它发生化学反应，生成氩原子，并放出电子。用计数器测出产生了多少个氩原子，就可以知道有多少中微子参加了反应。

按原先的估计，每天至少能捕捉到一个中微子，但结果过了五天却没有捕捉到一个。这是为什么呢？难道太阳根本就没有产生出那么多的中微子吗？这个问题引起了科学界的极大重视，成为著名的太阳中微子失踪之谜。

关于太阳中微子失踪的原因，科学家们进行了种种理论推测和分析。有人认为，可能是目前人们对太阳内部状态的认识有差错。人们对太阳结构的了解主要是利用太阳外部大气的一些数据推导出来的,这里面可能有偏差。甚至有人认为,太阳内部可能并未进行人们设想的那种反应,不然就是现有的原子核反应理论有问题。

另有一些人认为,目前人们对中微子的认识有问题。过去人们一直认为中微子和光子一样,是没有静止质量的。然而一些新的研究成果表明,中微子似乎是有静止质量的,数值约 34 电子伏特,即为 7×10^{-32} 克。这个数字虽然很小,但宇宙中所有的中微子质量加起来就可观了。有人估计,中微子的质量约占宇宙中物质总质量的 99%。既然中微子静止时质量不等于零,那么它就应该存在三种类型。当它在宇宙中传播时,会从一种类型变成另一种类型。用目前所做的捕捉中微子的实验,只能捉到一种类型的中微子,而其他两种中微子必须用其他方法才能捕捉到。另外,也有可能太阳内部产生的中微子有很大一部分迅速地改变了原来的面目,所以人们就探测不到它们。

小小的中微子向天文学家和物理学家都提出了挑战,要求他们重新检查以往对太阳结构和中微子所确定的认识。假如这两方面的认识都是正确的,那么问题又出在哪儿呢?看来,这确实是个很有难度的问题。

科学未解之谜

太阳的南北两极有什么秘密?

太阳对地球上的人类来说,始终是一个熊熊燃烧的大火球,不过这只是指太阳赤道地区的情况而言。地球围绕着太阳公转,就是沿着太阳赤道的轨迹转动,而太阳的个头实在太大了,所以从地球上观测太阳,只能看到太阳赤道附近的情况,那么,太阳的南北两极又是怎样的呢?

人类在没有到达地球的南北两极时,总以为那里也和我们生活的地区一样,后来人们到了那里,才发现那是一个与热带和温带截然不同的冰雪世界。同样,人们在没有条件对太阳南北两极进行考察之前,所做的种种猜想很有可能与实际情况相距很远。那里与太阳赤道地区是不是一样?那里的温度比赤道地区高还是低?它们是怎样影响太阳的?如此等等的问题都还是个谜。

要想揭开这些谜,就要对太阳的南北两极进行探测。然而,由于太阳实在太大了,其体积是地球的 130 万倍,探测器要想到达太阳的两极上空,必须经过特别复杂而困难的飞行。科学家经过多年反复深入的研究，终于在1990年成功地将“尤利西斯号”探测器由“发现号”航天飞机送入太空轨道。1994年9月，这个探测器第一次飞越了太阳南极，为人类传回了许多出乎意料的数据。

根据这些数据，科学家们发现，从太阳南部日冕几个巨大的洞中喷射出的太阳风的速度达到每秒500英里(约805千米)，比赤道上喷出的太阳风差不多快两倍。X射线图像显示，太阳南极有几个冕洞，它们宽几千英里，高速喷发的太阳风从这些日冕洞中源源不断地逸出。

太阳两极的磁场强度较弱，科学家认为在太阳活动处于低谷时，经由太阳两极的宇宙射线要比经由太阳赤道区域的已观测到的宇宙射线多。但是“尤利西斯号”探测器所传回的数据却没有证明这一点，宇宙射线数量仍然相当低。

美国航天局以前曾观测到日冕中存在着巨大的扰动，“尤利西斯号”探测器在太阳南极区域也发现了这种扰动。虽然太阳赤道区域也有类似活动，但由于太阳极地有着不同的环境，这里的物质喷发产生了几百万英里宽的震波，这是赤道区域所没有的。

美国科学家报告说，“尤利西斯号”探测器发回的数据显示，太阳的磁场强度呈现出均匀发布的特征，并不像地球一样具有磁性意义上的南北两极。

1995年6月，“尤利西斯号”探测器开始飞跃太阳北极，又传回了很多数据。根据这些数据，在上一个太阳活动周期里，磁北极要比磁南极冷上八万度，相当于8%。为什么会有这么大的差异呢？没有人能够说清楚。科学家们相信，在掌握了更多的数据之后，就有可能彻底揭开太阳南北两极的秘密。

太阳的亮度会发生变化吗？

很多天文学家都这样告诉我们，太阳是一颗稳定的恒星，它已经辉煌地照耀了50亿年，在未来的大约50亿年内，它所发出的光和热仍然不会有明显的变化。

大量的观测数据也一再证明，太阳的辐射总量在相当长的时间内一直保持着稳定，因此可以确定一个太阳常数，即地球大气外距离太阳中心一个天文单位(1.496×10.8)千米处，垂直于太阳光束方向的单位面积上，单位时间内接收到的所有波段的总辐射能量，通常用S表示，其单位为卡/分·立方厘米。

太阳常数虽然是定义在地球大气外的物理量，但实际上人们都是在地面上进行太阳辐射测量，为了降低大气消光带来的误差，通常都是在大气稀薄的高山地带进行太阳辐射测量。美国史密松天体物理观测台于1902~1962年间坚持在高山地带进行太阳辐射的测量，所得出的结论是：在此期间太阳常数不存在着百分之零点几的长期或周期变化，也就是说，太阳的亮度没有什么变化。

20世纪60年代以后，利用高空运载工具进行太阳辐射测量的工作逐渐增多，后来还发展到利用人造卫星和宇宙飞船进行测量，使精确度有所提高。根据美国加利福尼亚理工学院喷气推进实验室的研究结论，太阳常数在1969~1980年间的变化不超过±0.2%，即在测量精度之内没有变化。

然而，1980年2月至7月，美国发射的一颗人造卫星对太阳的总辐射量进行了153天的测量，却记录到两次较大的突然下降。第一次从4月4日开始，持续一周时间，总辐射量极大下降了0.15%。第二次发生在5月下旬，持续时间与第一次相近，总辐射量极大下降约0.1%。很多专家在得知这一结果后，不禁发出了“太阳是一颗闪烁不定的星球”的惊呼。

当然，即使太阳的总辐射量出现了这么大的下降，地球上的人类还是感觉不到太阳的亮度有什么变化。然而，天文学家却要认真地看待这一现象，他们要找出造成这种突然下降的原因。然而，就在这个问题上，他们出现了意见分歧。有人认为，这种现象有可能是仪器方面造成的，因而不值得大惊小怪。也有人认为，这是当时日面上出现的大黑子群遮挡了来自太阳内部的辐射能流，因而使太阳总辐射有所减弱。对于后一种解释，很快就有人提出疑问，在这个观测期间和其他日期，日面上都曾出现过较大的黑子群，但是并没有记录到总辐射量下降的情况。那么，原因究竟何在呢？天文学家们正在深入研究，以便早日揭开这个秘密。

太阳每时每刻都在向四面八方散发着强烈的光和热，哺育着地球上的万物茁壮成长。然而,太阳绝不会永远地保持现在这样的面貌,随着时间的推移,它总有一天会耗尽它的全部能量,结束它的生命。

太阳的光和热是由氢变为氦的热核反应产生的。这种聚变反应都是在温度较高的地方,即太阳的核心部分发生的。到目前为止,太阳的中心的氢已有 50%变成了氦。据科学家估计,大约再过 50 亿年,太阳的核心部分就不会再有氢存在了。那时候的太阳就像一根即将烧尽的蜡烛一样,进入了自己生命的最后阶段。

太阳在燃料即将耗尽前,并不是像一般人想象的那样迅速变冷,而是温度急剧升高。据科学家们推测,随着氢原子在燃烧过程中变为较重的氦原子,太阳的核心终将被氦原子所取代,而一旦由氦组成的核心重量达到太阳总重量的一半时,太阳就会越来越明亮,体积要膨胀数百倍,成了一个炽热高温的红巨星,把距离较近的行星烧为灰烬,最后才猛烈爆炸开来,蜕变成一颗白矮星。

当这场灾难发生时,人类该怎么办呢?这虽然是极其遥远的事情,却有很多科学家在为此操心。有人提出,可以让人类移居到离太阳较远的星球上去,比如木星的两颗卫星木卫三和木卫四上都覆盖着厚厚的冰层,在变成红巨星的太阳烘烤下,冰就会融化,再加上人类的努力,它们也许就会变得较为适合于人类居住。但令人担心的是,所有的地球居民不可能都被转移到外层空间,那时候由谁来决定哪些人该生存下去,哪些人该毁灭呢？

针对这个方案的缺点，有人提出了另一个解决办法：使地球离开目前的运行轨道，与变成红巨星的太阳保持一个安全的距离。据计算可知，只要把地球上10%的水“蒸发”掉，就可以使地球移出自己的轨道而进入土星的轨道。而要想做到这一点，人类就要获得足够的能量，掌握可控氢聚变反应。同时，还要面对海平面下降200米的后果。

即便上边两个方案能够完善地实施，也不过是权宜之计，因为太阳演变成红巨星的阶段也许只有1亿年左右，过了这段时间，太阳就会迅速缩小塌陷，不再放出光和热量来。如果这一天来到了，人类又该怎么办呢？

于是有人提出了一个大胆的设想：想办法让太阳继续生存下去。这个想法听起来好像很荒唐，却有一定道理。我们在前边说过，太阳是以氢为燃料的，一边在核心区进行聚变反应，一边剩下大量废物。而在太阳核心与表层之间，存在着许多尚未燃烧的氢。如果能够用什么办法让氢燃料流动起来，进入太阳核心区，排除掉那些废物，太阳的生命就可以延长100亿~1000亿年。

从理论上讲，造成氢燃料的流动并不难，只要周期性地搅拌太阳的内部，就像我们用匙子搅拌使糖均匀而充分地溶解一样。或者像烧篝火那样，把周围的木柴堆到火堆中间，就可以使篝火继续燃烧下去。但实际做起来，其难度却要远远超过人们的想象。

科学家认为，要想做到这一点，就必须在太阳核心部分与表层之间制造一个“热点”。这里有两个方案可以采纳：一是引爆超级氢弹，二是向太阳表面发射威力极强的激光束。如果实行第一个方案，就要考虑怎样才能把这些氢弹送到目的地而不至于在途中被熔化掉；如果实行第二个方案，就要考虑如何使激光的能量在途中不会过早消耗掉。而要想解决这两个方面的难题，人类却是很不容易办到的。

也有的科学家认为，太阳从生到死有它自己的规律，人类无法对它进行干预，虽然采取一定手段有可能延长它的寿命，但却不能从根本上解决问题，而要想找到真正的出路，那只有研制人造太阳。从目前人类的科技水平来看，研制人造太阳只有从利用热核反应着手。如果想办法减慢核子混合物的燃烧速度(减慢合成反应速度)，就有可能制造出小型太阳来，但这个办法目前还找不到。而且令人担心的是，如果不能有效地控制这种反应，“点燃”了核子混合物，就会引起原子爆炸，其后果不堪设想。但很多科学家还是满怀信心地认为，当人类彻底掌握了热核反应的奥秘后，人造太阳就一定会从理想变成现实。

氢弹爆炸

1969年7月20日~21日，“阿波罗11号”飞船首次实现了人类登上月球的理想，也揭示出了许多月球的奥秘。而在此之前，人们对月球的探讨大多都限于猜测。关于月球的起源，曾经流行过三种假说。

著名生物学家达尔文的儿子乔治·达尔文是一位很有名的物理学家，他是最早把月球的起源作为一个理论问题提出来并加以研究的。1898年，他在《太阳系中的潮汐和类似效应》一文中提出了一个假设：月球本来是地球的一部分，后来由于地球转速太快，在离心力的影响下，便把地球赤道区的一大块物质抛了出去。这块物质脱离地球后形成了月球，而遗留在地球上的大坑，就是现在的太平洋。这个假说被称为“分裂说”，地球和月球的关系也就成了母亲与女儿的关系。

月亮体积和太平洋水的体积确实相差无几，但如果月球真的是从地球的赤道地区甩出去的，那么它绕地球公转的轨道平面就应该和地球的赤道平面几乎重合，但实际上这两个平面相交的角度超过了5°。再者，地球刚刚诞生的时候，它的自转速度仅仅比现在快4倍，以这样的速度所产生的离心力不足以抛出月亮这么大的星球。“阿波罗11号”飞船登月后，带回了月面的岩石样本，经过化验分析后，科学家发现地球和月亮的组成物质不尽相同。而如果月亮真的是地球的“女儿”，二者的物质成分应该是一致的。

继“分裂说”之后，瑞典的天文学家阿尔文等人又提出了“俘获说”。这种假说认为，月球本来只是太阳系中的一颗小行星，它的运动轨道和地球的运行轨道有一颗最近点，当月球和地球都运行到这个最近点时，地球就以其巨大的吸引力捕获了这个小行星，使它成为自己的“俘虏”。倘若情况果真如此，那么月亮与地球的关系就是千里姻缘一线牵的天作之合了。

“俘获说”合理地解释了月球和地球之间的关系，但它也有明显的缺陷。地球的直径只是月亮的3.7倍，相差并不悬殊。像地球这样一颗并不很大的行星，要想捕获月球这么一个不算很小的天体，并不是件容易的事情。况且，在月球形成后的40多亿年中，还有比地球更大的行星经过月球，为什么月球没有被俘获走呢？

还有一种假说称为“同源说”。早在18世纪，德国哲学家康德就推测月球和地球很可能产生在同一个时期，而且是在相同的地质和自然条件下产生的。“同源说”认为，地球和月球是由同一块行星尘埃云凝聚而成的，它们的化学成分和平均密度之所以不同，那是因为原始星云中的金属粒子在行星形成前就已经先行凝聚成团。地球形成时，便以大团的铁作为核心部分，并在外围吸积了许多密度较小的石物质。月球的形成稍晚于地球，它由地球周围残余的非金属物质聚集而成，所以密度较小。按照这个假说，月球和地球的关系就应该是一对同卵孪生兄妹。

“同源说”与前两种假说比起来，似乎更圆满一些，但谁也不敢说它与事实真相的距离有多远。“阿波罗号”飞船从月球上采回一块岩石样本，经过化验后，科学家估计它的年龄至少有46亿年。而在地球上，只有在格陵兰岛最偏僻的地方，才能找到40亿年的石块。假如月球真的比地球年龄还大，那么“同源说”就站不住脚了。

在以上三种假说全都无法自圆其说的情况下，科学家又提出了“大碰撞说”。这个假设认为，在太阳系演化早期，星际空间中曾形成了大量的“星子”，星子通过互相碰撞、吸积而长大。星子合并形成了一个原始地球，同时也形成了一个相当于地球质量0.14倍的天体。这两个天体相距不远，相遇的机会就很大。一次偶然的机会，那个小天体以每秒5000米左右的速度撞向地球。这剧烈的碰撞不仅改变了地球的运动状态，使地轴倾斜，还使大量粉碎的尘埃飞离地球。这些飞离地球的物质并没有完全脱离地球的引力控制，它们通过相互吸积而结合起来，形成了月球。

“大碰撞说”吸收了“分裂说”的某些东西，但比它更有说服力。只是这种假设还缺乏足够的证据，因而不能成为唯一的结论。

月亮有过自己的卫星吗?

人们都知道,地球绕着太阳转,月亮绕着地球转。那么,有没有绕着月亮转的天体呢?

通过观测和研究,科学家们已经能够肯定地回答说,月球没有自己的卫星,也就是说,月球没有自己的小月亮。

但是也有的天文学家提出了这样的观点,月球虽然现在没有自己的卫星,但过去却曾有过自己的卫星,即月球曾经拥有过自己的小月亮。英国天文学家基斯·朗库德甚至认为,月球曾有过不止一个小月亮。他认为,在太阳系刚刚形成之初,月球有好几个自己的卫星,每个卫星的直径都至少有30千米。到了40亿年以前,每个小月亮都相继落到了月球上。每个小月亮掉到月球上都会撞出大量的岩石,使岩浆状的月亮内层暴露出来,以后又逐渐凝结成坚硬的岩层,形成新的盆地,这就是人们今天看到的月海。

小月亮落到月球上还会造成另一个严重的后果。人们知道,月球除了绕地球公转之外,还在绕着它自己的轴自转。月轴的两端是月球的两极,即月球的南北极。月面上和两极距离相等的大圆就是月球的赤道。月球有微弱的磁场,所以它还有磁北极、磁南极以及磁赤道。小月亮撞到月球上,使月球失去平衡发生摇晃,月极的位置也发生了移动,以后月球又逐渐恢复平衡,月极的位置也就在新的地方重新稳定下来。

"阿波罗号"宇宙飞船登月归来后,科学家们仔细分析了它从月球上带回来的岩石样品,发现在几十亿年前月极确实移动过好几次。通过对月岩进行古磁学的分析,辨认出三条古代的磁赤道。这些磁赤道的形成年代分别为42亿年、40亿年和38.5亿年以前,其年龄与月海相近,而月海恰好就沿着这些磁赤道排列。这些新发现正好可以用当时发生过几个小月亮掉到月球上的事件来解释。

有的科学家们反驳说，如果确实像上述观点说的那样，那么这些小月亮又是由于什么原因掉到月球上去的呢？持上述观点的科学家对这个问题还无法做出明确回答。

有的科学家推测说，月海也可能是由别的原因形成的。例如，小行星或大陨石撞击月球同样可以形成月球上的"海"。如果月亮有自己的小月亮，那其他行星的卫星也应该有自己的小卫星。月球的直径是3476千米，在太阳系中还有几颗行星的卫星和月球的大小相近：木卫一的直径是3630千米，木卫二的直径是3138千米，木卫三的直径是5262千米，木卫四的直径是3800千米。这些和月球相近的卫星有没有自己的卫星呢？通过观测，人们并没有发现，也许它们都没有。但也有的科学家认为，它们的卫星可能是存在的，只是由于今天的天文观测仪器还不够先进，所以还没有找到它们。

科学家们感到非常烦恼的另一个看起来几乎是不相关的问题是，如果这种小月亮真的存在，那么天文学该如何给它命名呢？太阳是一颗恒星，环绕恒星转动的天体是行星，环绕行星转动的天体是卫星。那么，环绕卫星转动的天体又该叫什么呢？有的科学家建议叫"从星"，"从"是跟从的意思。

无论怎样说，要证明月亮是否有过自己的小月亮，并不是一件十分容易的事。看来，要想做出科学的、准确的回答，起码需要很长一段时间。

科学未解之谜

为什么月球表面有神秘的闪光？

1787年，美国著名天文学家威廉·赫斯克尔从望远镜里观察到了一种非常奇异的现象：在月球表面倏忽出现一个神秘的亮点，这一亮点闪烁着暗红色的光芒，持续的时间很短暂，好像是一种有意识的发光信号。这一发现在天文学界引起极大的震动，尤其是那些坚信月球上有智慧生物的人更为振奋。

从此以后，随着天文望远镜的不断改进与完善，研究月球的科学家们也越来越清楚地观察到了这种神秘莫测的闪光，它们颜色不定，时而暗红，时而淡蓝，时而银白，时而暗淡模糊，时而明亮若星，大都持续20分钟左右的短暂时间，然后便突然消失了，且不留下任何痕迹。但偶尔也有持续时间长达几个小时的。迄今为止，科学家已记录到1400多次这种奇异现象。学术界把这一现象称为"短暂的月球奇异现象"。

月球上的神秘闪光究竟是什么呢？是月球上智慧生物发出的某种信号吗？根据人类对月球进行的探测，至今已证实月球表面不仅没有具有智慧的高级生物，就连生命的低级形态也不存在。是月球上的火山爆发吗？人们已经知道，月球上并无可能爆发的活火山。另外，不少最有经验的天文学家运用性能优良的天文望远镜一再观察到这种现象，这就说明这一现象又不是地球大气干扰产生的假象。那么它究竟是什么呢？

这里我们介绍一种影响较广的假说，这是由英国莱斯特大学天文学家爱伦·密尔提出来的。密尔认为，这种现象是月球表面的一种由于地球对月球的引力变化而产生的尘埃气体喷射现象，这就像地球表面空气中的火山灰有时也会产生闪光一样。密尔还补充说，在月球背日一面如果也存在这种现象，那可能是由于尘埃摩擦产生的静电引起的闪电。

密尔的解释本身似乎也存在疑问。试想，月球相距地球 38 万千米之遥，得有多少强大的静电才能产生足以使地球上的人才能看清的闪光呢？看来，密尔的假说还不能完全揭开月球表面的神秘闪光之谜。

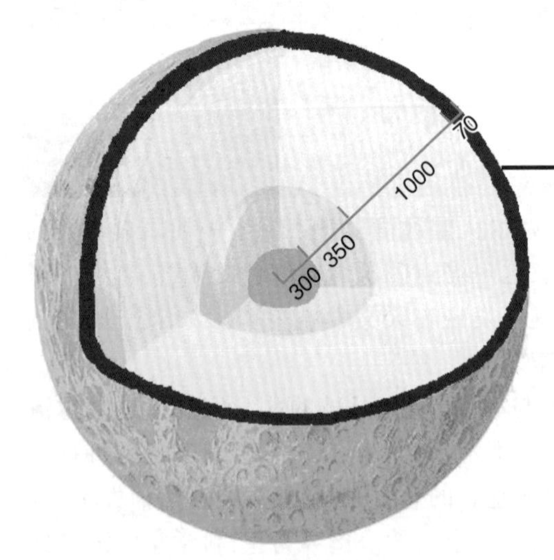

月球内部结构图(单位:千米)

月亮是空心的吗？

1969 年，“阿波罗 11 号”宇宙飞船在探月过程中，当两名宇航员回到指令舱后三个小时，“无畏号” 登月舱突然失控，坠毁在月球表面。在距离坠毁点 72 千米处，预先放置着一个地震仪，它记录到了持续 15 分钟的震荡声。这个声音越传越远，而且逐渐减弱，犹如一口巨钟发出的声音。在报道这一事件时，有记者把它称为“月

在月球上看到的地球

球钟声”。

月球上当然不会有钟声，但这种声音却不能不引起科学家们的注意。如果月球是实心的，那么这种震波能持续3~5分钟。而震荡声如此之长，是不是说明月球是空心的呢？

1969年11月20日4点15分，“阿波罗12号”有意制造了一次人工月震。美国宇航员在月面上设置了高灵敏度的地震仪，它比在地球上使用的地震仪灵敏度高出上百倍，甚至能记录到宇航员在月面上行走的脚步声。当宇航员乘登月舱回到指令舱后，随即用登月舱的上升段撞击月球表面，于是发生了月震。让美国航空航天局的科学家们目瞪口呆的是，这次撞击竟然使月球“晃动”了大约一个小时。震动从开始到强度最大用了七八分钟，然后振幅逐渐减弱，余音袅袅，经久不绝。

“阿波罗13号”和“阿波罗14号”相继登月，宇航员们先后用无线电遥控飞船的第三级火箭使之撞击月面，获得了长达三个小时的震动。

这几次人工月震试验都表明，月球上发生的这种长时间震动现象在地球上是绝对不可能发生的，这显然是由于地球和月球的内部构造不同造成的。于是，有的科学家提出了一个大胆的假设，月球的内部并不是冷却的坚硬熔岩，而是完全空心的，至少存在着某些空洞。

这个假设还得到了一些数据的支持。月表岩石密度远远大于地球岩石，为每立方厘米3.2~3.4克，而地球岩石的密度为每立方厘米2.7~2.8克，月球深处的密度更是高得惊人。在地球能毫不费力打进360厘米的电钻，带到月球上最多只能打进75厘米。按此推测，月球的中心应该是一个大密度物质的内核。若是这样，月球的总质量就会比现在计算的大得多，相应地，其引力强度也要大一些，可是月球的引力只有地表引力的1/6。如果说月球是一个巨大的空心球体，这一现象就可以得到解释了。

1972年5月13日，一颗较大的陨石撞击了月面，其能量相当于200吨TNT炸药爆炸的威力。这种概率极低的幸运事件，给科学家提供了测量月球纵波的绝好机会。如果月球是中空的，纵波就不会穿过月球中心，而横波则会在月球壳体上反复震荡。如果月球是实心的，这种震动应该反复几次。结果，这次陨石撞击造成的纵波传入月球内部以后，就全无消息了。对此只能有一种解释，那就是纵波被月球内部的巨大空间“吞吃”掉了。

苏联天体物理学家米哈依尔·瓦西里和亚历山大·谢尔巴科夫的假设更为离奇。他们在《共青团真理报》上指出:“月球可能是外星人的产物。15亿年以来,月球一直是外星人的宇航站。月球是空心的,在它的表层下边存在着一个极为先进的文明世界。”

对于以上猜测,也有许多科学家提出了异议。他们认为,月球上声音震荡的时间之所以比地球上长,那是因为月球上没有水,也没有地球表面松散厚实的沉积层。由于水和沉积层对声波有一定的吸收作用,所以地球上声音衰减较快。此外,月球表面因为长期遭受大量陨石的轰击,形成了此起彼伏的构造,使得月震波向四处散射,这就造成了月震持续时间较长的特点。

根据现有的宇宙形成理论,自然形成的星球绝不可能是空心的,月球也不例外。但是在科学家对奇异的月震现象做不出令人信服的解释前,谁敢肯定地说月球就不是空心的呢?

科学未解之谜

月球上的环形山是怎样形成的?

如果用天文望远镜观测月球的表面,就会发现,在月球表面上除了有许多高山和大片的平原之外,还有许多大小不一的圆圈。这些圆圈是什么呢?天文学家告诉我们,这就是月球上的一座座环形山。

环形山(crater)希腊文的意思是“碗”,所以又称为碗状凹坑结构。月球上的环形山结构非常有趣,它的外围是一圈山环,一般都高达几千米,内坡比较陡峭,外坡比较平缓。环形山的当中是一个圆形的平地,有些环形山的中间还耸立着一座山峰。

月球上的环形山数量很多。在人们能够观测到的半球上,直径在1000米以上的环形山就有30多万座。有的环形山直径将近300千米,完全可以把我国的海南岛整个放进去。

这些环形山是怎样形成的呢?

有的科学家认为,月球上曾经有过剧烈的火山爆发,喷发出来的物质凝固以后,就形成了现在的环形山。因为月球表面重力很小,只有地球的1/6,火山喷发的规模很大,所以形成了巨大的环形山。

信不信由你

难以捉摸的环形山

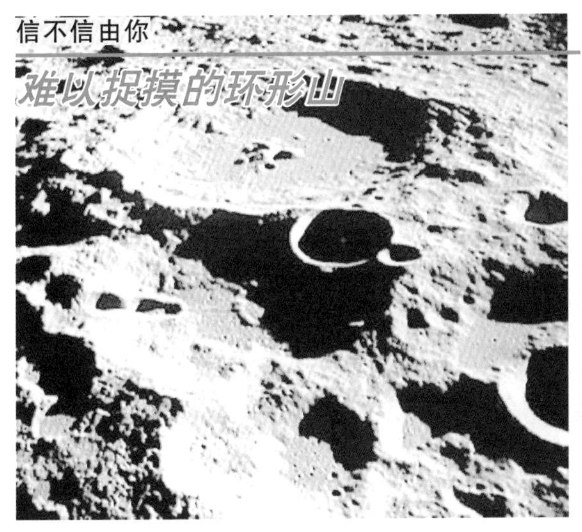

很多科学家认为,月球上的环形山是由巨大的陨石撞击后形成的,如果真是这样的话,那么环形山本身的特点就不能不让人生疑。月球上的环形山不论多大,深度几乎一致,大多数都在4000米~6000米之间。月面上四大环形山之一的加加林环形山,它的直径有280千米,深度却只有6000米。难道说撞击月球的陨石不论大小,力量都是一致的吗?这在自然界中是不可能的事情。

月球表面的环形山分配得极不平均。月球背面的环形山密密麻麻,一个挨着一个,而月球向着地球这一面,环形山少得出奇,几大月海占据了相当大的面积,而且月海平坦得像桌面,找不到一个环形山。大家都知道,月球有公转也有自转。如果说环形山是由陨星撞击造成的,那么月球的两面会遭到基本相同的撞击,不可能每次陨石都撞击在背面。

还有一个现象很值得注意,那就是与月球的体积相比,月球上的环形山大得出奇,加加林环形山的直径相当于月球直径的1/13,而地球上最大的陨石坑的直径不过是地球直径的1/60。以月球这么小的个头,却承受了如此巨大的冲击力,而在冲击之下竟然没有破碎,也没有改变轨道,这简直让人无法想象。

还有的科学家认为,月亮上没有空气,陨星可以直接撞击月球表面,撞击爆发出来的物质,堆积起来就成为现在的一座座环形山。月球上的环形山一般都有向四面伸展达数千米的“辐射纹”。科学家推测,这是由于陨星撞击之后爆炸的物质没有空气阻力,有一部分飞溅得特别远,洒落在月球表面上形成的。

根据这两种解释,可以这样认为,月球上那些较大的环形山是由火山爆发形成的,那些较小的环形山是由于陨星撞击月球而形成的。但这两种解释都缺少具体的依据,因而还不能明确地揭示出环形山形成的真正原因。

月球上的“质集”现象是怎么回事儿？

20世纪60年代，美国科学家把几个月球轨道探测器发射到围绕月球运行的轨道上。由于人们对月球的大小和形状已经有了充分了解，所以火箭专家相信他们能够精确地计算出这些探测器环绕月球的速度该有多大。然而，使他们惊讶的是，这些探测器在轨道上的运行速度并不均匀，有时走得快一些，有时走得慢一些。

这是怎么回事儿呢？经过详细的研究发现，轨道探测器在飞越月球上广大的月海地区时，速度就会稍稍变快。显然，造成这种情况的原因，只能是月球的密度不是沿半径方向对称分布的。在平坦的月海地区，一定存在着太多的质量，这样就产生了附加引力效应，使探测器的速度变快。

这种质量集中的现象简称为“质集”。那么，月球上为什么会出现“质集”现象呢？

一种观点认为，月球上那些特大号的环形山，是由极大的陨石撞击出来的，这些陨石可能至今仍然埋在那里。它们的主要成分可能是铁，比普通月面物质的比重要大得多，因此就呈现出质量高度集中的异常现象。

另一种观点认为，在月球形成早期，月面上的月海真的是海洋。后来，海水被蒸发掉了，海底积聚起了厚厚的沉积物。这些物质现在还在那里，就造成了多余质量的集中。

目前，人们还无法确定这两种理论哪一种是正确的，而一旦知道了真相，它又会告诉人们许许多多关于月球以及地球的早期历史。

科学未解之谜

月壳中的高熔点化合物为什么特别多?

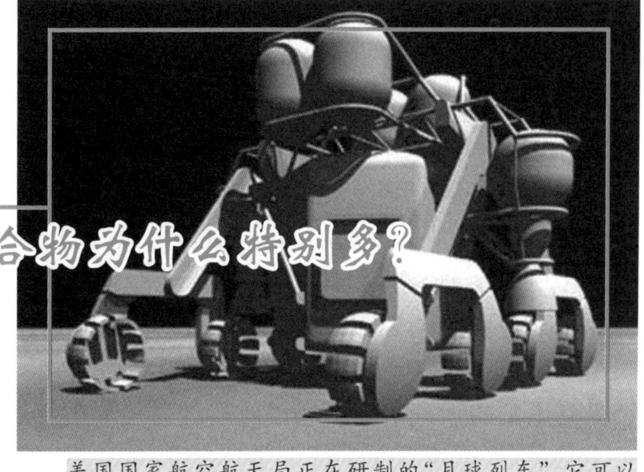
美国国家航空航天局正在研制的“月球列车”,它可以在月球表面自行移动。

在对月面物质的化学成分进行分析研究时,科学家们发现,月面上各种元素的分布与地球上有显著的不同。那些易于形成低熔点化合物的元素,如氢、碳、钠、铅等,在月面岩石中含量很少,而那些易于生成高熔点化合物的元素,如锆、钛和各种稀土金属等,在地球岩石中含量很少,而在月壳中的含量却很多。

为什么会出现这样的差别呢?

有关专家推测,月球表面一度曾有过很高的温度,而且这一高温时期相当长,结果使得那些低熔点的化合物大部分蒸发散逸掉了,而那些高熔点成分则原封不动地保留了下来。这种推测并非没有道理,而且也有支持证据。在月球上发现了大量的玻璃状物质,这说明月球表面大部分可能熔化过,后来又重新凝固起来。

如果说以上推测是正确的,那么紧接着就会出现这样的疑问:当初使月球表面发生融化的热量是从哪里来的呢?

一种观点认为,这些热量有可能来自早期大陨石对月球的撞击,也可能来自火山的大喷发。如果是这样的话,月球上的熔凝现象应该是区域性的,而目前收集到的证

信不信由你

月球土壤之谜

『阿波罗17号』的宇航员们曾经在月面上找到一种橘黄色又略有些深红色的土壤,这引起了科学家们极大的兴趣,因为在地球上从未发现过这样的土壤。这种土壤是从哪里来的呢?有人认为,月球上火山爆发时,喷出物中包括了来自月球内部的水蒸气,水蒸气与铁等金属结合在一起,产生铁锈,铁锈与土壤混合后就成了橘黄色和深红色。如果真是这样的话,那么过去认为月球内部不存在水的观点就是错的;如果有水的话,为什么找不到呢?

据表明，这一现象在月球上是普遍存在的。

另一种观点认为，这个高温的出现不在月球本身，而是来自太阳。在月球形成的初期，太阳可能有过一段很长的高热时期。如果真是这样，地球也曾处于同样的高温之中，但为什么在地球上找不到这一高热时期的证据呢？有人认为，这是因为地球有大气层和海洋保护着，所以地球上的温度就没有上升到月球那样的高度。也有人认为，这有可能是地球上的岩石变化很大，没有一块能从太阳系形成的最初几亿年里毫无变化地保存至今。

第三种观点认为，月球离太阳曾一度比现在近得多。起初，它可能是一颗沿着狭长椭圆轨道运行的行星，轨道的一端离太阳就像水星离太阳那样近，所以月球表面就会受到太阳的强烈焙灼。而在轨道的另一端，它可能离地球的轨道比较近。在过去的某个时候，它被地球俘获过来，把它从行星变成了卫星。

不管是什么原因，只要月球表面受到过高温烘烤，那么在月球表层几千米的深度内就不大可能有水分存在，而这一点就意味着人类要想到月球上居住，寻找水源就变得极为困难。

科学未解之谜

月球土壤中为什么会有一些小玻璃珠？

在宇宙飞船没有登陆月面时，科学家们对月亮表面的土壤没有了解，担心月球表面铺满了厚厚的又很疏松的尘土之类的物质，宇航员一旦站到月面上，顷刻间就会被埋进去。为了防止这种意外发生，科学家们对月面上着陆的登月舱的支撑“脚掌”，宇航员穿的鞋子等，都做了特殊的设计。尽管如此，阿姆斯特朗等人在踏上月面的瞬间，还是有些提心吊胆。

1969 年 7 月 21 日（北京时间），当美国宇航员阿姆斯特朗和奥尔德林乘坐“阿波罗 11 号”宇宙飞船降落在月球表面时，阿姆斯特朗刚把自己的脚印印在月球的土壤上，这样说道：“对个人来说，这只是迈了一小步，对人类来说，这是迈了一大步。”

当宇航员真的来到月球表面上时，就发现原来的担心并不完全是多余的。月面上覆盖着一层多孔的火山灰性质的土壤，有的地方有 30 多厘米厚，有的地方却有好几米厚。但宇航员不用害怕会陷下去，他们的靴子只陷进去几毫米。

月面岩石样中含有纯铁颗粒，这些纯铁颗粒在地球上放了7年还不生锈。在地球上的自然界里，不生锈的纯铁是闻所未闻的。

使宇航员们感到惊讶的是，他们在月面上行走时，感到脚底下很滑，就好像走在滚珠轴承上。当时他们不知道这是怎么回事儿，等到他们把从月球表面上取来的土壤样品带回地球后，才找到了走路发滑的原因。

原来，月球表面的土壤中有很多带有色彩的小玻璃珠，一般都小于一毫米，甚至小于半毫米，人眼很难直接看到，把它们放在显微镜下观察，可以发现它们的形状比较接近于球形或椭球形，表面上还有一些矿物碎片和不同形态的小颗粒。

月球上此前没有人类涉足，这些小玻璃珠只能是天然的。天然玻璃在地球上非常罕见，即使能够找到，其年龄也不会超过几千万年到1亿年。时间如果再长些，天然玻璃就会在风雨的侵蚀下变得暗淡无光，而月球上没有空气和水，所以这些天然玻璃能够保持原状达数十亿年之久。

月亮上哪来的这么多小玻璃珠呢？最初有人推测，这些小玻璃珠可能是火山喷发物经过冷却后形成的。生产人造玻璃的主要原料是石英砂、纯碱、长石和石灰石，还有少量的硝石（硝酸钠），而这些原料在月岩上并不缺乏。当炽热的岩浆恰好把这些原料合乎比例地熔融、混合起来后，再经过冷却就会形成天然玻璃。

以上推测是合乎科学道理的，但很快就被有关实验所否定。在地球实验室里对取自月球的小玻璃珠标本进行实验时发现，要想使熔化物重新形成玻璃珠，冷却速度必须大于每秒537℃。很显然，即使在温度较低的月球上，岩浆也不可能有这么快的冷却速度。

根据这一发现，有人又提出这样的推测：月球表面在遭到陨星的高速撞击时，所产生的高温度和高压，能使撞击点附近的月球岩石熔化，并被抛散开来，迅速冷却而形成玻璃珠。

这个推测也是合乎科学道理的，但会不会有新的发现把它否定了呢？这还需要等待。

信不信由你

巧借月食

月食就是月球本身钻入地球本影而造成的天象。每逢望日(农历十五或十六),月亮就会运行到和太阳相对的方向。这时如果地球和月亮的中心大致在同一条直线上,月亮就有可能进入地球的本影，从而产生月全食；如果只有部分月亮进入地球的本影,就会产生月偏食。但在一般情况下,月亮不是从地球本影的上方通过,就是在下方离去,很少穿过或部分通过地球本影。

古希腊人早就弄清了月食的原理,知道月亮上的影子是地球投射上去的,亚里士多德还由此推断出地球是球形的。麦哲伦进行环球航行时,无边无际的大海曾让船队中的水手产生了疑虑,他们不敢相信地球是圆的,不少人想掉头回去。而麦哲伦的信心却十分坚定,他的信心就来自月食。既然月食发生时地球的阴影边缘是圆的,那么能抛出圆形影子的物体本身也应当是圆的,只要一直向前,就一定能返回原地。

麦哲伦依靠着对月食的科学认识,最终完成了人类第一次环球航行的壮举;而另一位意大利航海家哥伦布,则依靠着它化险为夷。

1505年,哥伦布率领他的船队西行到达南美洲的牙买加。十多年前他曾到过这里,此次旧地重游,哪知他的水手与当地的土著人发生了冲突。土著人人多势众,他们把哥伦布和他的水手们围困在一个墙角,准备将这些傲慢的白人活活饿死。哥伦布等人陷入了绝境,似乎只有死路一条了。通晓天文知识的哥伦布忽然想起当天晚上要发生月全食,顿生一计,就向土著人大喊道:“你们赶快把食物送上来,如若不然,今天晚上就不给你们月光！”

迷信的土著人对哥伦布的话半信半疑,一时不知该如何是好。天黑了,一轮明月升了起来,土著人惴惴不安的心情渐渐平静下来。就在这时候,只见一团黑影把月亮吞没了,土著人吓得大喊大叫,然而无济于事。他们以为将有大祸临头,一个个魂飞魄散,全都跪倒在哥伦布的脚下,祈求宽宥他们。

哥伦布煞有介事地答应他们的要求,土著人大喜过望,急忙送上食物和水,把他们安置在最好的房间里休息,还有50多人要求哥伦布带上他们一起走。在他们眼里,哥伦布就是“上帝派来的人”,不然怎么能对天上的月亮发号施令呢？

科学未解之谜

月球两面的颜色为什么不一样?

月球正面

从地球上看月亮，人们总是只能看见它的一半,另一半总是看不到。这是为什么呢?这是因为月球一方面在自转，一方面还要绕着地球公转，它自转一周的时间和公转一周的时间都是27天7小时43分11.5秒。这样一来,月亮就始终以同一面对着地球。

由于人们总也看不到月球的背面，也就难免产生一些猜测。有人说月球和地球一样,正面是凸起的——好像北半球的大片陆地;背面是凹地——好像南半球的大片海洋。当然,月球背面的“海洋”并没有水,而是一片平坦的低地。

也有人猜测，月球背面的重力要比正面的重力大,因此水和空气都集中到背面去了,所以月球背面很可能有真正的海洋，甚至还有可能存在着生物。

月球背面

人造卫星上天后,人们利用精密的摄影仪器拍摄到了月球背面的照片,这才看清了它的真面目。原来,这里并没有什么海洋,月球背面的中心是一条绵延南北2000多千米的大山系。从结构上看,月球背面与正面确有不同,背面山地较多,“海”则少得可怜。

直观看上去,月球的两面还有一个不同,那就是它的正面颜色较黑,背面却有些发白。造成这种差别的原因在于,月球正面有很多由喷出的黑色玄武岩熔岩形成的巨大的月海,看上去就显得发黑;而月球背面没有这些月海,就显得发白。那么,为什么月球背面没有喷出那么多熔岩来呢?有人推测,这大概跟月球地壳的厚度不同有关,它的背面地壳比较厚,也比较坚硬,所以难以喷发出来。至于是什么原因造成了月球两面地壳厚度和质地的不同,目前尚不明了。

科学已揭之秘

月相的周期变化

月亮本身不发光，只是把照射在它上面的太阳光的一部分反射出来。对于地球上的观测者来说，随着太阳、月亮、地球相对位置的变化，月亮在不同日期里就会呈现出不同的形状，这就是月相的周期变化。

我们都知道，月亮一面绕着地球公转，一面自转，两者周期相同，方向也相同，因此月亮总是以相同的半个球面对着地球。当月亮处于太阳和地球之间时，它的黑暗半球对着地球，地球上的人看不到月亮的一点儿影子，这就是"朔"。而当地球处于月亮与太阳之间时，月亮被太阳照亮的半球朝向地球，地球上的人就会看见一轮满月，这就是"望"。与太阳和地球的距离相比，月亮与地球的距离太近了，所以月亮东移的速度要比太阳大很多。过了朔后，月亮很快地跑到了太阳的东边，太阳一落下去，西边的天空就会见到一弯新月，两个尖角指向东方。从农历来说，每个月十五之前的月亮都叫上弦月，月牙朝上。上弦月只有上半夜才能看到，子夜时它就落下去了。过了望后，月亮逐渐消瘦下来。从农历来说，每个月十五之后的月亮都叫下弦月，月牙朝下。下弦月要到子夜时才升起来，当它升到中天时，就是拂晓了。宋词中的名句"杨柳岸晓风残月"，描绘的就是下弦月出现时的情景。

科学未解之谜

金星上的迷雾是什么？

天空中最明亮、离我们最近的行星是哪颗呢？是金星。

金星是地球的近邻，它离地球最近时，相距仅4100万千米。但是人类对于金星的了解却不多，造成这种情况的原因之一，就是金星的周围有一层很浓的气体，这种气体挡住了人们的视线，使人们一直看不清金星的本来面目。

科学家们通过长期观察和研究，终于发现，金星周围的这层气体云雾有很强的反射日光的本领，它可以把75%以上的光线反射出来，而且对蓝光的反射能力弱，对红光的反射能力强。那么，这层云雾到底是由什么组成的呢？这是许多科学家正在努力探讨的一个问题。

很久以前，有人这样猜测：金星周围的这层云雾和地球上的云雾是不一样的，它很可能就是一些灰尘，远远望去，就像是一团迷雾一样。

这层迷雾真的就是灰尘吗？1932年，科学家们否定了这一观点。他们从金星光谱里发现，在金星的大气中，含有比地球大气中含量多1万倍的二氧化碳气体。所以，有的科学家猜测，这种物质是由二氧化碳被太阳的紫外线照射以后变成的二氧化三碳构成的。

"长庚"与"启明"

金星的公转轨道在地球公转轨道里边。它比较靠近太阳,又常在太阳两侧徘徊。当它转到太阳东边的时候,就会在太阳落山时悬在西天的地平线上,似乎在告诉人们,长夜即将来临,所以古人叫它"长庚星"。当它转到太阳西边时,就会在东方欲晓时出现,好像在告诉人们,天快要亮了,所以古人又称它"启明星"。金星的亮度仅次于月亮和太阳,因此古人常用它来作为时间的标志。古希腊人把金星称为阿佛洛狄忒——爱与美的女神;而罗马人则称它为维纳斯——美神。天文学上金星的符号,就是美神梳妆打扮时用的宝镜。

30多年后,几位科学家发现金星的大气里含有大量的水蒸气,因此他们猜测,金星上的这层迷雾,就是由水蒸气构成的。

1978年12月,美国科学家把两个专门研究金星的航天器送上了金星。结果测出金星大气的主要成分是二氧化碳。另外,还发现金星北极周围有个暗色云带,这很可能是一种卷云。

究竟哪种说法对呢?金星上的迷雾到底是由什么构成的?目前人们正在深入探索之中。

科学未解之谜

金星上存在过大海吗?

1961年以来,苏联先后向金星发射了14个空间探测器,使人们对金星的面貌有了比较全面的了解。人们发现,金星的地貌和地球十分接近,有高山、峡谷,也有平原,上空还有不断的闪电。两者明显的不同,就是地球上有海洋,金星上却没有。

然而，现在没有并不等于从前没有，那么，金星上过去存在过海洋吗？如果有过海洋，后来又为什么消失了呢？

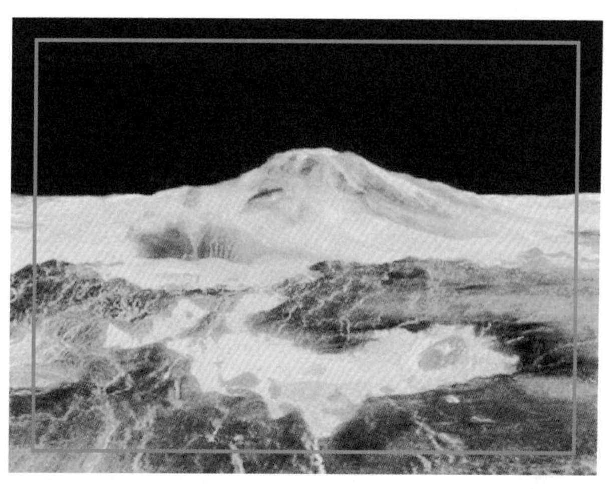

美国艾姆斯研究中心的科学家波拉克·詹姆斯首先发表了自己的观点。他认为，金星上确实存在过大海，后来因为某种原因消失了。在分析金星上大海消失的原因时，他提出了以下几种可能性。

第一种可能性是，太阳光将金星上的水蒸气分解为氢和氧，氢原子因质量小而大量逃离金星。第二种可能性是，在金星演化早期，它的内部曾大量散发出一氧化碳那样的还原气体，由于这些气体与水的相互作用，把水分消耗掉了。第三种可能是，由于金星上大量的火山爆发，大海被炽热的岩浆烤干了。第四种可能性是，金星海洋里的水来自金星内部，后来这些海水又重新循环回到金星地表之下。

这四种可能性听起来都很有道理，却不具备充足的说服力。这些可能性也曾出现在地球上，可是地球上的海洋为什么没有消失呢？

针对以上疑问，美国密执安大学的科学家多纳休等人又提出了新的看法。他们认为，在太阳系形成初期，太阳不像现在这样亮和热，太阳每秒的辐射热量要比现在少30%，如果那时候你到金星上去，就会看到万顷波涛。后来，太阳异常地热了起来，加上金星的自转特别慢，1天等于地球上的243天，在烈日长时间的烤晒下，金星的大海一片热气腾腾。大量水蒸气升到空中，阻碍了金星表面温度的散发，从而使金星的温度进一步升高。后来，连“囚禁”在碳酸盐岩石中的二氧化碳气体也被释放出来，它们和水蒸气一起升入低空，组成厚厚的一道云层，完全把金星包裹了起

科学已揭之秘

金星上的“温室效应”

“温室效应”是指透射阳光的密闭空间由于与外界缺乏热交换而形成的保温效应。金星上的大气密度是地球大气的100倍，而且大气的97%以上是“保温气体”——二氧化碳。同时，金星大气中还有一层厚达20~30千米的由浓硫酸组成的浓云。二氧化碳和浓云只许太阳光通过，却不让热量透过云层散发到宇宙空间。被封闭起来的太阳辐射使金星表面变得越来越热，结果使得金星的表面温度高达465~485℃。在这样的高温下，别说是水，就连锡、铝、锌之类的金属也会被熔化。

来。当温度上升到上千摄氏度时，金星上变成了一片“火海”，水蒸气再次被太阳光离解成氢和氧，氢原子逃逸到太空，一去不返，而氧原子则葬身在金星上的“火海”之中。最后，金星就变成了一个永远干旱高温的世界。

也有一部分科学家认为，不能用金星的现状来推断它过去肯定存在过古海。美国衣阿华大学的科学家弗兰克认为，金星根本就不曾存在过大海，金星大气层中的少量水分并不是从古海中蒸发出来的，而是几十亿年来不断进入金星大气层的彗星核送来的。

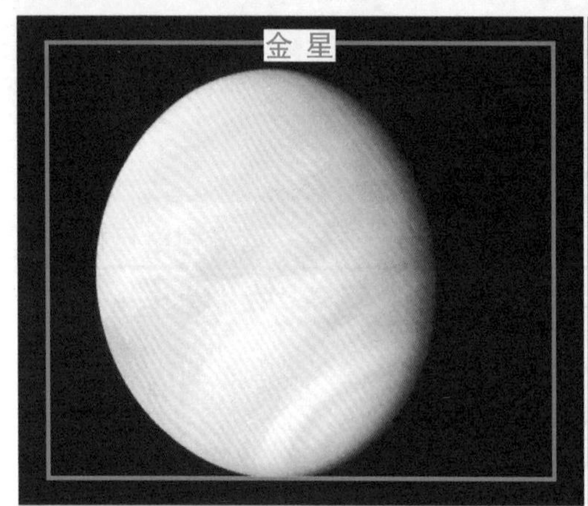

金星为什么与地球有那么多不同？

金星常常被称为地球的孪生姐妹，这是因为它们在外表上有不少相似之处。金星的半径约为6050千米，只比地球小400千米；体积是地球的0.88倍；质量约是地球的4/5；平均密度略小于地球。曾经有人推测，金星的化学成分和表面的物理状况与地球极其相似，金星上发现生命的可能性甚至比火星还要大。

然而，随着天文观测资料的增多，人们越来越发现，金星只是在外观上与地球有几分相像，而在实质上却是一对形同神异的“姐妹”。

一些科学家曾估计金星和地球一样，也应该有磁场。可是环绕金星飞行的探测器和在金星表面成功着陆的探测器，都没有发现哪怕是极其微弱的磁场。要知道，这些探测器上所携带的磁场计都非常灵敏，即使金星磁场的强度只有地球的万分之一或再少一些，也会被察觉到。为什么金星上没有磁场呢？这是个未解之谜。

20世纪60年代以前，人们普遍认为金星的自转周期大概比地球慢不了多少。对于这两个相差不大的天体来说，这种估计应该是正确的。可是后来却发现，金星的自转要比地球慢得多，地球转了243圈，它才能转1圈。为什么它的自转速度这么慢呢？这个疑问也没有人能解释清楚。

金星的自转方向也与地球以及其他行星截然不同。太阳系里的八大行星都是按逆时针方向绕着太阳转动,金星也不例外,但是在自转方向上,唯有金星是按顺时针方向自转的,其他行星都是按逆时针方向自转。因此,在金星上看日出日落,其方向恰好同地球上相反。在金星上,太阳不折不扣地是从西边出来的。

金星存在于地球附近的太阳系空间里,不管它有多少与地球相似的地方,都是正常现象。这种相似的地方越多,越能证明它们有着相同的形成与演化历史。而实际情况却是它与地球有着这么多差异,这就不能不使人感到奇怪:这样一颗行星是怎样形成和发展起来的呢?

“凤凰号”探测器登陆火星

科学未解之谜

火星为什么是红色的?

行星当中最引人注意的要算是红色的火星了。早在古罗马时代,人们就对它的颜色做出了推测,认为火星上的红色是因为上面有战士流的血和生锈的盔甲。

19 世纪初,一些天文学家认为火星在春季时极冠会融化,可能会使地面裸露出来,这样就使火星显得比另外一些时间更红一些。不过,这只是推测而已。

为了科学地认识火星,1971 年,美国的“水手 9 号”宇宙飞船向火星飞去,拍摄了大量照片。从这些照片上看,火星上是一片赤红色的不毛之地。然而,光凭这些照片却回答不了火星呈红色的原因,于是科学家们就把注意力转向了火星的土壤。他们推测,火星土壤中大概含有大量粉红色类长石矿,这是一种地球上没有的化合物,并将这种假想中的化合物取名为“亚氧化碳”。

1976 年,“海盗号”宇宙飞船的登陆舱在火星表面降落,它用自动化机械铲把火星上的砂石送进化验器,并把分析结果带回了地球,但是仍没有得出什么结论。曾分析研究过“海盗号”带回来的火星土壤标本的行星科学家克拉克说:“火星上曾有过一些铁的氧化物或铁生锈的过程。火星土壤具有磁性,且含有坚韧的尘土。因此,火星的土壤过去应含有颜色发黑的磁铁矿,一种氧化铁矿石。”克拉克所提出的这个理论又叫

“生锈理论”。

克拉克认为，火星大气氧化了土壤中的铁矿石，所以现在的火星表面呈红色。但火星上却有一个克拉克解释不了的现象，那就是为什么火星土壤变成深红色后会具有磁性而地球上的富铁矿却不带磁性呢？

还有一种理论认为，火星尘粒内外都是红色的。美国普林斯顿大学的两位地质学家哈里拉维斯和莫斯科维茨认为，火星表面是由另一种富铁矿——非碳酸钠石组成。从“海盗号”收集到的资料表明，火星表面很可能存在着这种物质，但是由此而来就出现了一个疑问：地球上也有非碳酸钠石矿，但既不带磁性，也不是红色的，而是黄绿色的，如果火星上有这种东西，怎么会是红色的呢？

哈里拉维斯和莫斯科维茨推断，在极长的时期里，各种大小流星通过火星稀薄的碳酸气、大气撞击着火星表面，并在表面燃烧。流星的巨大冲击力产生了足够的热量，这些热量会使非碳酸钠石变成带磁性的红色矿石。同时，流星把非碳酸钠石矿撞击成细微的粉尘，然后再被火星上的风暴散布在行星大气中。

根据这个理论，这两位学者利用地球上的非碳酸钠石矿做实验。当加热到1652°F时，经过五分钟，地球上的非碳酸钠石矿也变成了红颜色，而且也带有磁性。

从“水手9号”拍回的火星照片上可以看到，火星上边确实有许多陨星坑，这都是流星撞击火星留下的痕迹，这就间接地支持了哈里拉维斯和莫斯科维茨的理论。哈里拉维斯肯定地指出：“火星上的火山熔岩与一度存在于火星上的水相互作用，火星才形成了非碳酸钠石地壳，流星和风最后使火星表面变成了红色。”

克拉克对他俩的推断持相反意见。他认为，火星上的非碳酸钠石矿的形成需要大量的水，而火星表面是-140°F的冰冻状态，因此不大可能产生非碳酸钠石矿。目前，关于火星土壤颜色的争论和探索还在继续，火星的红色面纱仍然是一个未知之谜。

信不信由你

火星的得名

中国古人观测火星时，认为它在位置上及亮度上都常变不定，所以称之“荧惑”，在星占学上象征残、疾、丧、饥、兵等恶相。古埃及人称它为“红色之星”，古巴比伦人则称它为“死亡之星”。古希腊人好像对火星没有什么好感，就用战神阿瑞斯的名字为它命名。在古罗马神话中，战神名为玛尔斯(Mars)，这也是现在火星的英文名字。

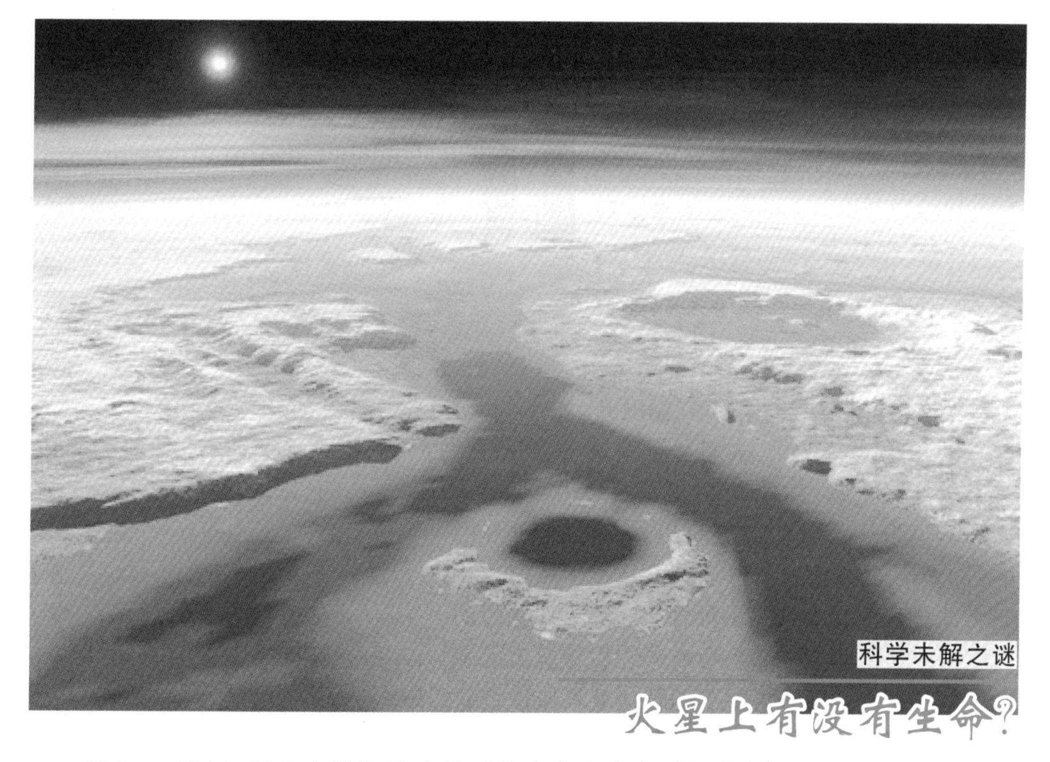

火星上有没有生命？

早在 20 世纪，很多人就把地球外可能存在生命的希望寄托在火星上。在一个多世纪的时间里，火星上存在生命的希望不断地得到一些“事实”的支持。人们从望远镜中发现火星的南北极都戴着洁白的“冰帽”，叫作火星极冠。冬天极冠扩大，仿佛结了冰；夏天极冠缩小，好像冰雪融化了一样。如果真是这样的话，火星上就会有水有河流，那么就很可能有生命。

人们还发现，火星像地球一样有春夏秋冬四季，在春夏两季里，火星表面阴暗的区域变大，颜色由蓝绿到黄。有人猜测，这可能是由于火星上的植物生长、枯萎造成的。

1887 年时，一位意大利天文学家声称，他在火星表面发现了一些类似运河一样的东西。有人由此推测说，这是火星人把水从两极地区运往荒漠地区挖掘的河道。

直到 20 世纪三四十年代，有人在收听到了不明真相的信号时，首先想到的就是这是火星人在向地球人发出呼唤。

那么火星上到底存不存在生命呢？直到美国相继发射了几艘航天器，尤其是 1976 年发射的“海盗 1 号”和“海盗 2 号”在火星表面登陆，拍回了大量照片，得到了大量探测结果，才逐渐解开了这个谜。

上述资料表明，火星上空气极为稀薄，水蒸气只占 1%，比地球上的沙漠地区还要干燥100倍。在这样的条件下，不要说什么火星人，就连最低级的微生物也找不到。至于所谓的火星运河，实际上那是排列成行的密密麻麻的环形山和陡峭的山岳。过去由于人的视觉错误，才把它当成了运河。

科学已揭之秘

关于火星

那么，火星上有没有原始生命呢？科学家们不敢贸然加以否定，因为从地球上已发现的生物来看，低级生命的耐受能力是极为惊人的。在温度高达105℃的海洋涌流中，人们发现了一种耐热型微生物。对于轮虫和线虫来说，地层的严寒不足为惧，它们甚至可以在近于绝对零度(-270℃)的低温状态下进入冬眠。科学家们还在6500米的深海底发现了一种含有新型遗传基因的微生物。既然地球上的生命能够在极为恶劣的环境下生存下来，那么火星上的环境就不应该把所有的生命都扼杀掉。况且，科学家们经过分析后，认为在火星地表下面很可能储藏有水。既然有水，就给生命的存在提供了最有利的条件。

火星与太阳的平均距离为22794千米，位置适当。它有两颗体积很小的卫星。火星的公转周期为687天，自转周期为24时37分，像地球一样有昼夜之分，而且也定期发生季节的变化，每个季度长约6个月。火星的周围有空气，其大气层含氩1.5%，含氮3%。它的地面有水蒸气升腾到大气层中。这些足已具备孕育生命的条件。

退一步讲，假设现在的火星上已经没有任何生命了，那么这个星球上是否有过生命的历史呢？从“水手9号”航天器发回的图片上，天文学家惊异地发现，火星表面上不仅有巨大的火山、深邃的峡谷，还有在岩石上形成的河床和三角洲，这显然是由早已干涸的河流冲刷而成的。

这个发现使很多科学家激动万分，既然火星上曾经有过河流，那么就很可能存在过生命。本来在地球人的议论中逐渐消失的“火星人”、“火星智能物”、“火星文明”等说法，又被重新提出来加以讨论。

如果火星上过去有过生命，那么这种生命发展起来了吗？后来又到哪里去了呢？有的科学家做出了一个大胆的推测，火星很可能在千万年前就出现过高级文明，也许是由于某种大灾变或爆发了全面核战争，毁灭了火星上的生命，幸存的火星人只好搬到他们自己造的卫星上去了。

这种分析并不是没有道理的。在太阳系中，只有火星的卫星不同于其他任何天然卫星。它们在火星上空沿圆形轨道运行。在太阳系中，只有它们是绕母星旋转速度超

信不信由你

原始森林中的火星人

1987 年 4 月，瑞典科学家希莱·温斯罗夫和另外六名科研人员前往非洲考察风土人情，在扎伊尔(现名刚果民主共和国)原始森林的深处，意外地发现了一个部落。这个部落里的人相貌怪异，自称是火星人。据他们声称，他们的祖先是在 1812 年时为了躲避火星上流行的一种可怕疾病，才乘飞船移居地球的。他们至今仍珍藏着太阳系和火星的详细地图，还保留着他们的祖先当年乘坐的飞船的残骸。温斯罗夫在瑞典向新闻界披露了这一消息后，曾引起了很大轰动，但此事是否属实还需进一步考证。

美国火星探测器“漫游者”1 号

过了母星的卫星，而且两颗星都在同一平面上旋转。

美国和苏联的天文学家对这两颗卫星进行了反复探测，结果表明，其中一颗卫星是一个空心的球体。空心球体绝不可能是天然卫星，那么它就有可能是火星人造的卫星。

18 世纪时，英国小说家斯威夫特在他的名著《格列佛游记》中，曾对火星的卫星有过这样的描写：“……两颗较小的卫星在围绕着火星转动。靠近主星的一颗卫星距离主星中心距离为主星直径的三倍，最外面的一颗与主星中心的距离为主星直径的五倍；前者 10 个小时运转一周，后者则需 21.5 个小时。因此，它们绕火星转动的周期平方根，差不多相当于它们距火星中心距的立方根。由此可见，它们显然也受到影响其他天体的万有引力定律的支配。”

如此精确的科学资料，用一个小说家的肉眼和当时落后的透镜是根本看不到的。而这些精确的数字，又恰恰被现代天文学证明是正确的。因此，有人分析，小说家可能直接或间接地接触过“火星·卫星人”，这些资料是从“火星·卫星人”那里获得的。

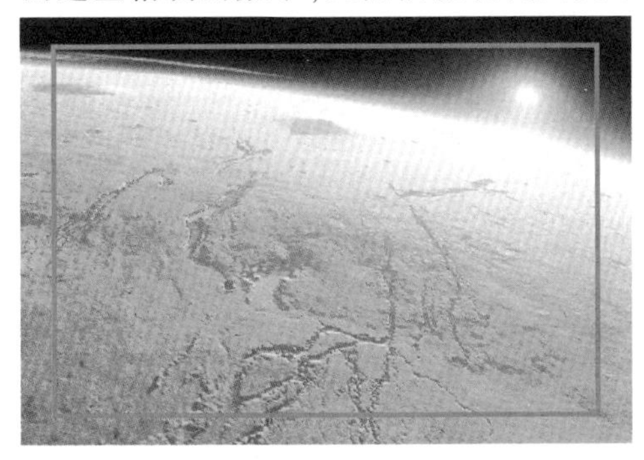

当人类发射的航天器在火星上登陆后，人们本来以为可以给火星上是否有生命存在这个问题画上句号，可是没有想到，关于这个问题的讨论不仅没有结束，反倒变得越来越复杂而神秘了。看来，要想揭开这个疑团还需要做出很多努力。

火星上有水吗?

早在 19 世纪 70 年代，意大利的天文学家斯基帕雷利宣称在火星上发现了“河流”,立刻引起了天文学界的极大震动,许多天文学家开始运用各种手段进行观测,力图证实火星上“河流”的存在。到了 20 世纪六七十年代,美国和苏联相继发射了空中探测器,通过观测表明:火星上缺乏维持生命所必需的水,所谓“河流”,只是一些颜色较暗的环形山。

这个问题好像已经有了确定的答案,但是过了十几年后,有些科学家开始对火星进行重新观测。美国的一位天文学家宣称:火星上并非一片干旱的荒漠世界,至少有两个地区存在着生命赖以存在的水蒸气。对此，美国地球物理联合会召集了许多学者，重新分析研究了宇宙探测器带回的关于火星的资料和照片，提出了三种新的见解。

第一种意见认为,现在的火星是一个严寒的世界,但是在其演化过程中,也有像现在地球一样的温暖时期,所以也会像地球一样有奔腾的河流。从这个意义上讲,过去火星表面确实有过河流。所以,传统上认为火星上覆盖的是干冰而不是水冰的概念就是错误的了。事实上,如同地球的两极一样,火星上也是泥沙与冰块层层叠叠，就像千层糕一样,这就是火星上多次发生的冰水滚滚向远处流去的一个证据。

同地球一样,火星也会随着公转轨道的变化而出现冰期与间冰期交替作用的现象。当冰期结束时,冰层就会融化、蒸发,再通过降水的形式,形成了河流。

第二种意见认为,火星不仅仅是两个地区有水蒸气，而是整个火星都是一个湿润的行星。原因在于火星上空的大气层所含的水蒸气

根据火星探测器发回的照片分析,火星上有液态水的痕迹。

要比原来估计的多得多,再加上火星表面的冰层,足可以使火星保持一定的湿度,这对于其他行星而言,是十分珍贵而稀有的。

第三种意见认为,火星上不但过去有过大量的汹涌澎湃的河流,而且如今依然存在着许多奔流不息的河流。只不过是由于温度的原因,这些河流都深深地藏于地表下面,成为地下河。

这第三种推测看起来还是比较可信的,因为它还有充分的证据。既然火星表面覆盖的是水冰,而不是干冰,那么在冰山的压力下,底层的冰就会不断融化,并流向温度较高的赤道地区,形成地下河。有时因为地质原因或者小行星的碰撞,会引起火星震动,就可以使地下河喷出地表,形成喷泉。在严寒的条件下,这些喷泉很快就会冻结,这样就形成了环形的冰山。

以上这些观点发表后,引起了许多人的兴趣,并认为非常可信。有人甚至预言,将来人类可以在火星上建立实验站,并代表地球人去品尝火星水的滋味。

科学未解之谜

火星上为什么会出现"大风暴"?

火星是太阳系中诸多条件非常类似地球的一员。火星上有风、云、雾等气象变化,而且也会像地球一样,出现灾害性的天气——"大风暴"。

火星上的"大风暴",实际上是狂风卷着尘粒的大尘暴。当这种大尘暴发生时,在地球上通过望远镜有时能观测到。风暴开始前,火星的天空上先有小小的黄色云块出现,然后云块逐渐聚集起来,几天之内就会由小变大,这说明风暴已经开始。几个星期之后,黄尘便覆盖住整个火星南半球,若继续发展就会殃及北半球。风暴发展到高潮时,整个火星都被黄尘所笼罩。

1971 年,美国科学家研制的火星探测器"水手 9 号"飞往火星。探测器在到达火星上空时,尘暴正席卷着整个火星,厚厚的黄尘云遮盖着它,使得探测器无法看清它的表面。因而,拍摄火星地貌的工作只好暂时搁浅,直到 1972 年这场风暴平息后才继续进行。1976 年,探测器再度飞往火星,恰巧又碰上了这种天气。

大尘暴是火星所独有的天气现象。迄今为止,还没有发现太阳系里别的行星刮过这样的"风"。那么,为什么只有火星上才会出现这样的"大风暴"呢?

科学家一般认为,火星上的尘暴是这样形成的:开始时,这种大尘暴都发生在火星的南半球。当火星南半球夏至时,正好赶上火星过近日点,因而火星南半球就特别炎热,造成了那里空气的不稳定状态。又由于火星的大气十分干燥,空气的流动使得本来就飘浮着的尘粒,和从火星表面上被风携带至空中的尘粒大聚会,从而飞沙走石漫天飞舞,随即尘暴开始形成。

当空中的尘粒不断地接收到来自太阳的热量时,加剧了尘粒的上升速度,尘暴也就不断升级,这时风卷着尘粒就会铺天盖地滚滚而来,形成巨大的尘暴。如果尘粒的吸热作用使强有力的地面风也加入进来,尘暴就会刮得更加猛烈,越发不可收拾,从南半球一直蔓延到北半球,最后酿成了全火星的大风暴。然而,也正是在尘暴分布到火星全球范围以后,各地温差减小,风就会逐渐平息下来,尘粒也会在空中慢慢地降回地面。

这种"大风暴"大多发生在春末夏初之际,尘暴发展得激烈时,会持续达几个月之久。几乎差不多每个火星年,都会发生这样一次大规模的尘暴。

关于火星"大风暴"形成的这种理论,虽然得到了大多数人的赞成,但也受到了一些人的质疑。火星上的"大风暴"究竟是怎样形成的呢?除上述的解释之外,还有没有其他解释呢?科学家们正在积极开展这方面的研究工作。

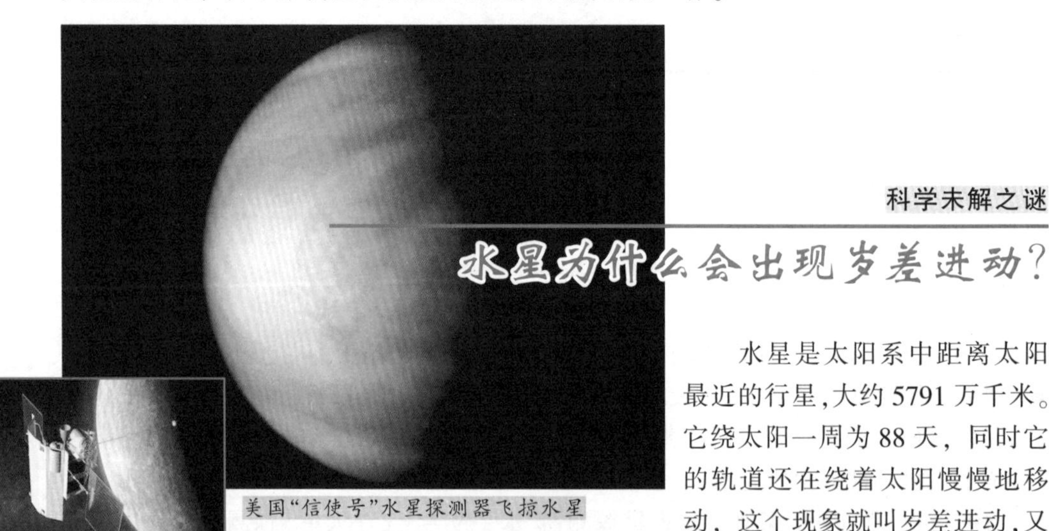

美国"信使号"水星探测器飞掠水星

科学未解之谜

水星为什么会出现岁差进动?

水星是太阳系中距离太阳最近的行星,大约 5791 万千米。它绕太阳一周为 88 天, 同时它的轨道还在绕着太阳慢慢地移动, 这个现象就叫岁差进动,又称近日点进动。根据牛顿的万有引力计算,水星轨道如此缓慢的移动绕太阳一圈需要 244068 年,而实际上却是 225784 年,两者每年相差 43 弧秒,或者说每年约差 0.5 弧秒。

这 43 弧秒虽然很短,但在天文学家看来却是极大的误差,一定有什么因素在其中起作用。在爱因斯坦之前,有人认为水星的岁差进动是因为有一颗尚未发现的内行星的引力在起作用,也可能还有另外一些尚不知道的现象在起作用。然而爱因斯坦却认为,太阳的引力并不直接吸引水星,而是使周围的空间变弯,太阳就像是一只放在橡皮平板上的球,只能使附近的行星朝着太阳的方向往里跌。那 43 弧秒的差异就是这样来的。

爱因斯坦用广义相对论解释了水星的异常现象,在当时使得人们对广义相对论更加信服。可是在几十年后,却有人对此提出了疑问。爱因斯坦的计算有一个前提,那就是假设太阳是绝对的正球形。然而美国亚利桑那大学太阳物理学家希尔等人却断定,太阳的两极呈扁平状,依据这一前提重新进行计算,这一扁平度对 43 弧秒的差距只起 1.5%的作用。

这 1.5%的作用看上去也许微不足道,但因为广义相对论十分精确,所以就使人产生了疑问:或者是亚利桑那大学的物理学家们计算有误;或者是爱因斯坦的设想有误,至少需要做某种修改;要不然就是他们双方都正确。很显然,在上述疑问还没有得到澄清之前,就不能使水星岁差进动的问题得到彻底解决。

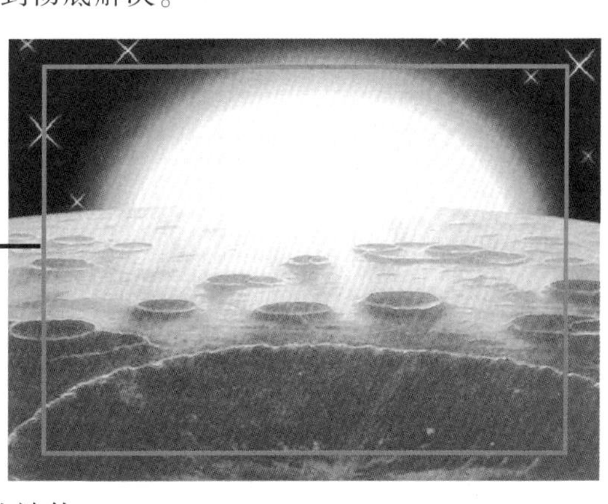

科学未解之谜

水星上有水吗?

在西方,太阳系中的很多行星是用古希腊和罗马神话中诸神的名字命名的,如我们所说的水星,在西方则叫墨丘利,他是罗马神话中专司商品、保护商人的神使。

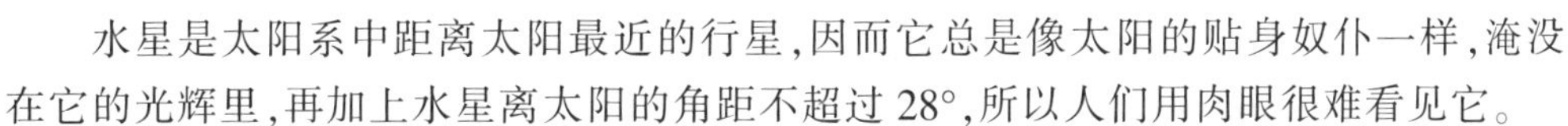

水星是太阳系中距离太阳最近的行星,因而它总是像太阳的贴身奴仆一样,淹没在它的光辉里,再加上水星离太阳的角距不超过 28°,所以人们用肉眼很难看见它。

一说到水星这个名字,很多人就会想到,它的上边一定会有水,但实际情况却不是这样。在太阳系诸多行星中,水星得到太阳的能量最多,每时每刻都受到强烈的炙烤,白天表面温度高达 427℃,黑夜降到-173℃。在这样的地方,水是根本不存在的。1974 年和 1975 年相继发射的宇宙探测器,在对水星进行探查后也证明了水星无水。

然而,这个已经形成定论的观点却遭到了挑战,波多黎各国立天文和电离层研究中心以及美国喷气推进实验室的科学家提出,水星上可能有以冰的形式存在的水源。他们在对从水星表面反射回来的雷达波进行分析时发现,水星极地部分有着较强的反射波,这表明那儿很可能存在着大面积的冰块。这些可能存在冰块的地区有 20 多个，宽度约为14.5千米，长度最大为120千米，恰好在水星环形山的位置。这些科学家认为，水星南北极地部分接受的日照较少，而环形山口内又终年不见阳光，亿万年来一直保持着低温，水分不至于蒸发，于是这些冰就保存下来了。

如果以上推论是正确的话，那么就不能说水星上无水，在它形成和演化过程中，说不定还真的存在过液态水。由此看来，叫它水星并不是完全名不副实。但推论毕竟是推论，还有待于证实。

除了有水无水的问题，关于水星的疑团还有很多，有的已经解开了，有的却一直没有解开。比如，水星的自转速度缓慢，只有59天，所以很多人一直认为它不会有磁场。但"水手10号"宇宙探测器却测出了它有磁场存在，其强度为地球磁场的1%。这使科学家们感到意外，因此断定水星的内部可能是一个高液态的金属核。

"水手10号"探测到了水星上最热的地区是一块盆地，科学家叫它卡路里盆地。这里也是太阳系所有行星中表面最热的地方。水星上这个独一无二的地方是怎样形成的呢？天文学家推测，这是数十亿年前由于一颗巨大的小行星与水星相碰撞造成的。它为什么是最热的地方呢？至今还是个谜。

水星表面上到处是一些不深的扇形峭壁，被称为"舌状悬崖"，高度为1~2米，长几千米。这种独特的地势是怎样形成的呢？有的科学家猜测，这是由于水星巨大的内核变冷和收缩，使外壳形成了巨大的褶皱。这种推测很富有想象力，但目前尚缺乏证据。

在很长一段时间里，水星的自转周期曾是一个谜。1814年，德国天文学家塞耳宣称他测出了水星的自转周期是24小时52秒。75年后，意大利的斯基帕雷利测出了它的自转周期为87.96个地球日。按照当时的著名天文学家小达尔文的推断，在太阳的强大引力下，水星的自转周期等于公转的周期。

1965年，美国天文学家佩士吉尔和戴斯利用阿雷西博天文望远镜，准确地测定出水星的自转周期为58.646日，是公转周期的2/3，这就彻底推翻了以往的错误结论。

根据这个发现，我们可以知道，水星在用88个地球日绕太阳一周后，其本身自转一圈半。也就是说，它公转两圈后，自转了三圈，这叫自转—公转耦合现象。由于这种现象，水星上的一个昼夜要经过两个水星年，或者说一个水星日是它本身的两年。

随着天文学家研究的不断深入，水星神秘的面纱渐渐被揭开，但由于太阳系中各行星的形成及演化过程各不相同，因而一定还会出现更多的水星之谜供人类去探索。

相传，著名的天文学家哥白尼临终前因一生中未曾见到水星而发出叹息，以致抱恨九泉。

科学未解之谜

木星上的“大红斑”为什么呈红褐色？

木星是太阳系中的八大行星之一，它的体积是地球的1300多倍，而质量却只是地球的3/8。它是太阳系类木行星的代表。木星自转比太阳系内任何别的行星的自转都要快，其周期为9小时55分，也就是说，木星上的一天只有地球上的9小时55分那么长。木星还是个液态星球，快速的自转使它形成了一个扁球体。它的赤道直径是14.28万千米，比两极的直径要长9000千米；而且赤道部分自转也最快，每转一周大约是9小时50分，越往两极地区转得越慢。由于木星的快速自转，使它的表面形成了许多平行于赤道的条线。

用天文望远镜观测木星，可以看到它的表面有一个红色的斑块，这就是天文学家们所说的“大红斑”。“大红斑”位于木星赤道南面，呈椭圆形，宽度约为1.1万千米，长度约为2600千米。换句话说，从“大红斑”的一边到另一边，中间可容纳下两个地球。

早在1878年，天文学家们就已经注意到了木星的“大红斑”，经常对它进行观测和研究。1972年以后，美国先后发射多艘宇宙飞船掠过木星，在它们所拍摄的木星图片上，“大红斑”波涛汹涌，看起来好像是水在不停息地流动。

这个“大红斑”究竟是什么东西呢？科学家们经过仔细分析有关资料后发现，“大红斑”是一团激烈上升的气流，或者说是一个“大气旋”，即气象学上常说的“高压中心”,它不停地沿着逆时针方向进行旋转,由此形成的风暴大约每12天旋转一周。由于“大红斑”这个巨大的旋涡恰好夹在木星两股不同方向的气流带中间,周围的摩擦阻力很小,因此,它才能长期地存在下去。也有的科学家认为,“大红斑”能长期维持下去还可能有别的原因。

美国“新视野号”探测器即将飞越木星

木星上的“大红斑”为什么呈红褐色呢？科学家们对此持有不同的看法。有的科学家认为,那是因为“大红斑”含有红磷之类的物质;也有的科学家则认为,可能是某些物质上升到木星的云端,受到太阳紫外线的照射,发生了光化学反应,因而才形成了现在这个颜色。

“大红斑”已有3000多年的生命史,它是木星大气的永久特征。木星上的“大红斑”为什么能够长期存在呢？它为什么是红褐色的呢？对这些疑问感兴趣的天文学家们非常关心“大红斑”的变化,他们已经注意到“大红斑”正在并吞着周围的小红斑。科学家们正在用计算机做数值模拟,希望有一天能解开这个谜。

科学未解之谜

土卫六上有生命吗?

17世纪中叶,荷兰天文学家发现了土星的第一颗卫星,它就是土卫六。在此之后,人们又陆续发现了土星的很多卫星,目前已知的有14颗。

尽管土星的卫星有那么多,但最引人注目的还是土卫六。首先,土卫六是太阳系的卫星中唯一一颗拥有浓厚大气层的卫星。其次,土卫六曾被认为是太阳系里最大的卫星,其直径为5150千米,只是后来发现了直径为5262千米的木卫三,它才退居第二位。

天文学家长期以来一直认为,土卫六的大气成分主要是氮,约占98%,甲烷只占1%,其余的是少量的乙烷、乙炔,可能还有氢。

在了解了土卫六的大气成分后,天文学家认为,它所拥有的大气层与大约40亿年前地球开始出现生命前的大气层很相像。而且土卫六表面可能有很多岩石，这就更像地球了。因此，有些天文学家推测，在土卫六上也许有着最原始的生命形式。

果然，在飞往土星的探测器对土卫六的云层顶端做了认真考察后，真的在那里发现了形成生命前的有机分子，这种有机分子可能是氢氰酸分子。

那么土卫六上究竟有没有生命呢？目前这个问题还是个谜。科学家们正在计划向土星区域发射携带着有下降装置的飞船，进入土卫六的大气层，对其大气的有机化学成分及其化合物的形成，进行有针对性的研究。那时候，也许人们就能够准确地回答土卫六上究竟有无生命这个问题了。

土星古称镇星或填星，这是因为土星公转周期大约为29.5年，我国古代有二十八宿，土星几乎是每年在一个宿中，有镇住或填满该宿的意味。土星是太阳系中的第二大行星，与它的“邻居”木星十分相像，表面也是液态氢和氦的海洋，上方同样覆盖着厚厚的云层。在太阳系的行星中，土星的光环最惹人注目，它使土星看上去就像戴着一顶漂亮的大草帽。

科学已揭之秘

笔尖上的发现

自从天王星被发现以后，人们发现它总是不守『规矩』，在绕太阳转圈的轨道上不停地东摇西晃。这个现象引起了天文学家们的推测，或许在天王星的外侧还有一颗大行星，由于它的存在，造成了天王星的行动异常。当时有两位青年热衷于发现新行星，一位是英国的亚当斯，另一位是法国的勒威耶，他们在互不知晓的情况下，分别进行了整整两年的计算工作。1845年，亚当斯先算出了『天外行星』的轨道，但是，格林尼治天文台却把他的论文束之高阁。1846年9月18日，勒威耶把他的计算结果寄到了柏林，却受到了重视。柏林天文台的伽勒不失时机地搜索这颗『天外行星』，最终在勒威耶指点的位置附近发现了这颗新行星，这就是太阳系家族的第八颗大行星——海王星。

地球是怎样形成的呢？这个问题其实就是太阳系形成的问题。到目前为止，科学家已经就这个问题提出了40多种学说,但没有一种学说是比较完整的和被普遍接受的。

地球是怎样形成的呢?

运用放射性元素测定法来检测地球，地球大约有50亿年的历史,这几乎成了科学家们普遍的看法。在这几十亿年的时间里，地球经过周而复始的运动,才形成今天的面貌。那么,几十亿年以前的地球是个什么样子呢？它又是怎样形成的呢？

第一个比较科学的太阳系起源学说是由德国哲学家康德于1755年提出来的,被称为“星云假说”。这个学说认为,地球是太阳系中的一个行星,同太阳系一起形成。几十亿年前,太阳系还没有形成时,它只是一团充满气体和尘埃的星云圈,后来经过不断运动转化,它的中心先形成了一个质量巨大的发光体,这就是最初的太阳。接着又在太阳周围分离出绕其赤道旋转的星云盘。盘中的物质微粒不断发生碰撞,在碰撞过程中,固体微粒吸附了气体微粒并形成了大团块,大团块又吸附了小团块而形成更大的团块。少数大团块就是在这样不断吸附小团块的过程中壮大起来的,最后形成了行星的胚胎。地球也是这样的行星之一,它和太阳以及其他行星组成了太阳系。

在地球形成的最初阶段里,由于温度很低,物体大多处于固体阶段,各种物质也不分轻重地混杂在一起。随着地球体积的不断增大,由于内部放射性元素在蜕变过程中释放出来的热能逐渐积累,从而使温度不断升高。这样,处于固体状态的物质逐步变成塑性状态,直到最后熔融。同时,地球内部的物质在重力的作用下发生分异,就像米中淘沙一般,最重的物质沉到地球深处,称作地核;较轻的物质在地核上部,叫作地幔;更轻的物质在最上层也就是地球的表面,叫地壳。地壳、地幔和地核,就是地质学家经常所说到的地球内部层圈。

除了内部层圈,地球还有外部层圈。地球的内外层圈形成之后,随着地球的不断运动,引起了潮涨潮落、沧海桑田以及高山幽谷等循环往复的变化,经过几十亿年的时光,才使地球具有了今天的面目。现在的地球也不是一成不变的,科学家们经过研究证明,随着地球的不断运动,它的内部和外部也在发生变化。地质学家把一个巨大

在地球形成的同时，它不断将太阳星云中的一部分气体吸引在自己的周围。当时气温很低，大气圈部分不同于现在的大气。后来，由于地球内部物质在发生分离过程中，大量气体从其内部高温物质中分化出来，上升到地球外部，使地球上的大气成分发生变化，形成了成分接近现在的次生大气；而其中的水汽则由于受一定条件的影响，变成了液态水，停留在地球表面的低温处和地层表层的空隙中，形成了水圈；水、空气和适宜的温度为生命的诞生创造了条件，后来又经过漫长的发展过程，生物在水中诞生，先是藻类，后来又出现了其他动物和植物，最后人类出现，形成了生物圈；经过生物对大气的改造，次生大气才逐渐变成现在的大气。水圈、大气圈和生物圈被地质学家称为地球的外部层圈。

的变化过程称为一个地质时代，这个时间长达几亿年以上，而人生不过百年，所以，人们一般很难感觉到地球这种巨大的变化。

“星云假说”较为全面地解释了地球的演变过程，但是这种学说也有种种不尽人意之处。虽然如此，科学家们仍认为这种学说是目前各种学说中最有科学性的。然而，“星云假说”是否全面而准确地描绘了地球形成的历史，这还需要科学家们进一步去证实。

科学未解之谜

地球内部为什么会分成许多层圈？

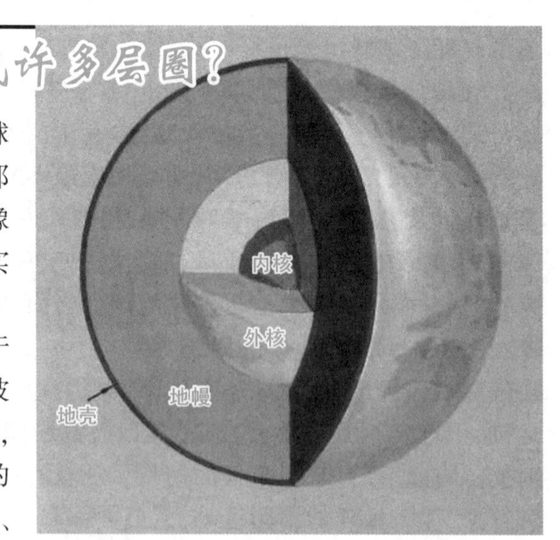

人类居住的地球是一个巨大的球体，它的结构相当复杂，既不像皮球那样，外面一层皮，里面全是空气；又不像铅球那样，从里到外是个完全一样的实心球体。

人类对于地球内部的构造是借助于地震波认识到的。地震时，各种形式的波会从地心传出，经过相当长的传播距离，最终作用于地球表面。通过对地震波的分析研究，科学家们把地球划分为地壳、

1914年，德国地理学家本诺·古腾堡第一次证明，在地下2900千米的深处，地震波再一次发生明显的转向，由此认定这里就是地幔和地心的分界面。

地幔、地核三大部分：地壳指的是地面以下几千米到70多千米的一层；地幔指的是地壳以下至2900千米深处的一层；地核指的是地幔以下到地球中心的一部分。如果再进一步细分，还可以将每一层圈分成许多小的层圈。那么，地球的这些层圈是怎样形成的呢？

根据康德和拉普拉斯的假设，地球是由炽热的星云凝结而成的。如果这个假设是正确的，那么在地球处于熔融状态时，物质会因为比重不同而产生重沉轻浮，最重的都集中到地球中心去了，轻的都浮在上面，先冷却以后结成坚硬的地壳，所以地球一定是分成许多层圈的。

以上仅仅是科学家的推测，很长时间内谁也没有办法使这个学说得到证实。1911年10月，萨格勒布气象观测台记录到了发生在巴尔干半岛库勒巴山谷的一次破坏性地震。克罗地亚地理学家安卓亚·莫霍洛维奇在整理这次地震的观测数据时，发现地震波传到地下50千米处就会出现折射。地震波的传播并不是乱闯的，而是有一定的规律，在不同的物质中，不但速度不同，而且在从一种物质转向另一种物质时，一定会发生折射和反射现象。根据这个规律，莫霍洛维奇得出结论：这个发生折射的地带，就是地壳与地壳下面物质的分界面。

从此以后，利用地震波来探索地球内部构造的工作不断深入下去，反复证明莫霍洛维奇发现的这个分界面虽然在各地深度不同，但它是普遍存在的。于是人们就把这个分界面叫作“莫霍面”，又称“莫霍断层”。据认为它位于海平面以下16~65千米的地方。

莫霍面的发现和确定，似乎使得康德和拉普拉斯的假设得到了确定，但是也有人不断提出新的假设。他们也认为，地球是由固体的宇宙尘埃聚集而成的，形成地球层圈的原因是物质的比重不同。但同时他们又指出，重的物质向地心聚集这一过程并未结束，直到现在仍然在进行当中，只不过目前地球内部的层圈已经基本形成，所以不像开始时那么活跃了。

地球的实际年龄到底是多少？

根据《圣经》的记载，上帝第一天创造了天地，然后在接下来的一周内创造出了自然界的万物。按照基督教的这个传说，地球只有数千年的历史。当然，这仅仅是传说而已，远非事实。地质学家们说地球已有大约 50 亿年的历史，这是经过详细的研究得出的科学结论。

18 世纪初，科学家们开始用海水来推算地球的年龄。英国人哈雷首先提出了这样一个观点：海水变咸是由大陆上的盐分流进海中引起的。于是，他根据全世界大陆河水每年流进海中盐分的数量，去除海水现有的盐分总量，得出的结果是海洋的形成大约有 1 亿年的历史。由于海洋形成于地球之后，所以海洋的年龄并不等同于地球的年龄，只能说地球的年龄要超过 1 亿年，究竟为多少，只能大约估计为 2.5 亿年。但这种算法本身很不科学，河水每年带进海中的盐分不断通过蒸发被海风吹到陆地上，还有其他一些原因，使得海水盐分总量的准确值无法计算，由此得出的结论也不准确。

进入 19 世纪后，科学家们试图利用海洋沉积物的厚度来计算地球的年龄。最早进行这种尝试的是英国人赫顿。他推算出岩石每沉积 1 米厚，需要 3000~10000 年的时间。现在地球上最厚的沉积岩的形成至少有 3 亿~10 亿年，但由于地球的形成时间在这些沉积岩之前，因而用这种推算方法仍然不能得出地球的准确年龄。

1896 年，法国物理学家安东尼·白克勒尔在研究某个课题时偶然发现，金属铀可产生一种当时尚无人知的射线。物理学家卢瑟福便建议用同位素来测定地球的年龄。由于在一定的时间内，放射性元素分裂的数量和产生新物质的数量在速度上比较稳定，而且不受外界条件变化的影响，所以这种放射性元素测定法即同位素测定法的可靠性得到了科学界的认可。

同位素测定法主要有铀铅法、铷锶法、钾氩法等。以铀裂变为铅和氩为例,原子量为238的铀,每经过45亿年,就要衰减到原来质量的一半。同位素测定法就是根据铀和铅等的含量来计算岩石的年龄,也就是地壳的年龄。这种计算结果表明,地壳已有30多亿年的历史。但地壳的年龄并不等于地球的年龄,因为在地球形成以前,它还有一段表面处于熔融状态的时期,加上这段时间,地球的年龄约为50亿年。虽然如此,同太阳系的其他星球相比,它的形成时间还算是比较晚的。

20世纪50年代,美国加利福尼亚州帕萨迪纳理工学院的克莱尔·帕特森教授通过测定岩石矿物中铀裂变的最终产物——铅的相对丰度,确定出地球的年龄约45.5亿年。

后来,科学家们分析了美国“阿波罗”号飞船带回的月球岩石样本,根据岩石中钨-182同位素的数量,测算出月球的年龄为41亿~46亿年。按照宇宙大爆炸理论,月球与地球是同时形成的,那么月球的年龄就应该等于地球的年龄。

运用同位素测定法来测定地球的年龄,其原理是同位素的衰变,这是很科学的,问题是这里隐含着一个假定,那就是把检测的岩石的形成时间当作地球的诞生时间。那么,这个岩石是否就是地球上最古老的岩石呢?当岩石从灼热的熔融岩浆中凝固时,地球早已诞生,这中间经过了多长时间呢?对这些疑问,至今仍然是众说纷纭,于是有人打趣说:“母亲地球老糊涂了,忘记了自己的年龄。”

科学未解之谜

地球中心是什么样子?

19世纪法国作家儒勒·凡尔纳曾经写过一本幻想小说,名叫《地心旅行》。一般人读起来,会觉得这种幻想新奇有趣,但在科学家看来,这却只能是一种空想而已。不要说进入地心,就连人们用钻井的

方法在地壳上打洞，最深也只能到达1万米左右，再想往下钻时，钻杆就被会地下2000℃的硫黄浆液粘住了。1万米不过是10千米，而地球赤道的半径却有6378.14千米，两相比较之下，前者实在是太微不足道了。

既然人们无法通过采集标本来探索地球内部的奥秘，那么就只能依靠科学家进行合理的推测。首先，科学家们经过研究后认为，地球内部的压力相当大。地球是由地壳、地幔、地核三部分组成的，地壳和地幔的全部重量都要由地核来承担。因而越往地层深处，物质的密度就越大，地层深处的压力也越大，呈直线性增长，深度每增加1米，每平方米的压力就要增加1~10吨。照此推算下去，地球核心的物质密度将达到每立方厘米15克左右。地球中心的压力，将达到350万个大气压。

科学家还认为，随着深度的增加，地温也在逐渐增高。在地壳表层里大约每下降100米，地温就要增高3℃。地球内部的热，主要是放射性物质分裂的结果，而放射性物质主要集中在地下50~80千米处，因而过了这一深度后，温度的升高就慢多了。但随着与地心距离的接近，温度还会继续升高。根据各种数据推算，100千米深度的温度约为1300℃，在300千米深度约为2000℃，地心的温度在5000℃以下。

在这种高温高压状态下，有人猜想地心可能是液体，但这种液体和我们熟知的液体完全不同。比如，地幔的中间层叫"软流圈"，这里的高温本来可以把岩石烧化，但由于压力极大，就变成了像烧红的玻璃那样的半黏性物质。地核分两部分。外核也是近似于液态，但地球中心的内核却不一样，由于强大压力的作用，它很可能成了一个非常结实的铁疙瘩。地震波进入地核部分后，传播速度逐渐增加，这也使人们更加相信地核是一种近似于固体的物质。

如果地核部分的压力和温度确实像科学家认为的那么高，那么在那里只有金属才能忍受。法国地理学家盖布瑞德·奥古斯都·道布瑞早在1886年就提出了这样一个假设，地心是由镍铁混合物组成的。根据对陨石的研究，这种结论很可能是正确的。很多科学家认为，地心是由90%的铁和10%的镍组成的。也有一种理论认为，地心是由氧或硫化物或者是它们的混合物组成的。

包括将来在内的相当一段时间里，人们对于地心的认识只能是根据各方面的资料加以推测，这样就存在着两种可能性，一种可能性是人们目前对地心的认识并不完全正确，另一种可能性是人们的认识还会不断丰富、深化和发展。从这个意义上讲，对那些似乎是违背常理的推测，我们就不能轻易加以否定。

比如，几乎所有的教科书中都明确指出，地心处于高温状态，而苏联的地质学和矿物学家米赫图科却提出一个截然相反的观点：地心不是热的，而是冷的。他的根据是，被挤压到地表的地幔带岩石晶体中混有液态甲烷、液氮和液氦。如果地心是热的，那么这些液态物质必然会被汽化；而它们没有被汽化，就说明地心不是热的。米赫图科运用逆向推理的方法所得出的这个结论虽然不见得正确，但它却富有启发意义，可能地心的真面目与我们自以为科学的推测结果大不相同。

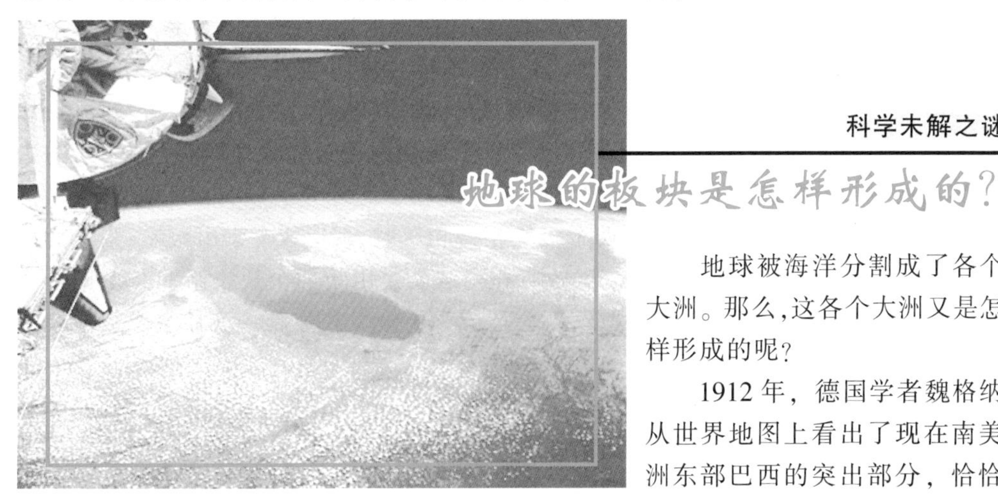

科学未解之谜

地球的板块是怎样形成的？

地球被海洋分割成了各个大洲。那么，这各个大洲又是怎样形成的呢？

1912年，德国学者魏格纳从世界地图上看出了现在南美洲东部巴西的突出部分，恰恰是大西洋彼岸非洲西海岸的凹陷部分。他把这两部分从地图上剪下来，将它们单独拼在一起，结果正好是一个吻合的整体。他又用同样的方法，把北美洲与欧洲的格陵兰岛也极为吻合地拼在了一起。如此看来，被大西洋隔开的大陆，原来是一个整块。整块的大陆为什么会分离开来呢？魏格纳把这种现象归结于大陆会在水中漂移，于是关于大陆形成的“大陆漂移说”就出现了。

魏格纳原来是一个气象学家，为了证实自己的理论，他进行了实地考察，在大洋彼岸对应的位置上，发现了对应的山脉、矿山和相同的陆生动物化石。

一般来说，沉积岩层自下而上，由老到新，也就是说，岩层越老，它的位置也就越靠下，但是深海钻井船的钻探结果却得出了与此相反的结论。他们游弋了世界各大洋400多处海底，钻取了大量岩石标本，却没有发现一块超过一亿年即中生代以前的岩石。那么，中生代以前的岩石哪里去了呢？

于是有人猜测，既然大陆可以在水中漂移，那么海底会不会扩张呢？1961年，美国人赫斯和迪茨提出了“海底扩张说”。这种理论认为，由于洋底岩石不断生长和地球不断扩张，从而把老的岩石向两侧推挤，进入巨大的板块下面，造成这些岩石的消亡。这

种新陈代谢使得洋底岩石永远处于年轻状态。

由于大陆漂移说研究的只是大陆，而海底扩张说研究的只是海底，因而这两种学说都必然存在着一定的片面性，于是有人尝试从大陆和海底两个方面去认识地球构造。

20世纪60年代,法国地震学家勒皮雄在研究了上述两种学说之后,首创了“板块构造说”。这种理论认为,地球岩石圈不是一个整体,而是被一些活动的海底构造,如海岭、岛弧、海沟和海底水平断裂等分割成了大小不等的块体,它们浮在炽热的地幔表面不断运动,每个板块内部地壳稳定,而板块之间的边缘地带上地壳活动较强,板块运动引起地壳运动,推动海底扩张,使洋壳不断更新。当两个板块相挤相压时,就形成了崇山峻岭;当它们相对错动时,就形成了断裂,岛屿和海沟就是由于两个板块俯冲并上提形成的;板块运动使地壳受压到一定程度,就会造成火山爆发和地震。这种学说把地球上各种地质作用都看成是板块运动的结果。

地球上的板块究竟是怎样形成的呢？是大陆漂移的结果，还是海底扩张的结果呢？会不会是二者统一作用的结果呢？还有没有其他更为科学的解释呢？科学家们正在寻找这些问题的答案。

科学已揭之秘

地球六大板块

根据勒皮雄的划分，全球地壳为六大板块：太平洋板块、亚欧板块、非洲板块、美洲板块、印度板块（包括澳洲）和南极洲板块。在这六大板块中还可以分出若干次一级的小板块，如把美洲大板块分为南、北美洲两个板块，菲律宾、阿拉伯半岛、土耳其等也可作为独立的小板块。板块之间的边界是大洋中脊或海岭、深海沟、转换断层和地缝合线。一般说来，在板块内部，地壳相对比较稳定，而板块与板块交界处，则是地壳比较活动的地带，这里火山、地震活动以及断裂、挤压褶皱、岩浆上升、地壳俯冲等频繁发生。

科学未解之谜

地球的形状和大小会变化吗?

有生命的事物都有发生、壮大的过程,人会一年一年变老,动物和植物也会一年一年长大。那么,我们人类和其他生物所赖以生存的地球会不会长呢?

一般人都认为,地球是个没有生命的东西,它是不会随便长大的。但是,事实上并不是这样。比如中国长江口的崇明岛就是从水里"长"出来的——由江水所挟带的泥沙淤积而成。因此可以这样说,地球虽然没有生命,但它却一刻也没有停止过变化。那么,它究竟是在变大还是变小呢?目前,科学家们的说法并不完全一致。

有的科学家说,地球正在变小。因为地球是从太阳系里分裂出来的,起初是一团炽热的熔体,经过长时期的冷凝后,就收缩成有硬壳的地球了,所以地球是在缩小。有的科学家对阿尔卑斯山做了调查研究后,推断地球半径比两亿多年前,即阿尔卑斯山开始形成时,缩短了2000米。也就是说,地球的半径每年缩短了1%毫米。

但有的科学家对这种观点持反对态度。他们认为,仅仅根据阿尔卑斯山的情况,还不能给整个地球的发展做出结论。地球的大小和形状的变化是极其复杂的,比如,有人发现赤道一带地球半径有加长的现象。科学家们认为,这是地球自转所产生的离心力的影响。

上海,这个遍布高楼大厦的大都市,在许多年前,不过是鱼类闲游的地方。

有的科学家认为,地球正在变大。他们说,地球长期以来就在膨胀,以至于把本来包住整个地球的大陆撑裂了,现在这些裂缝还在加宽,说明它还在继续膨胀。但对于膨胀的原因,科学家们还有争论,有的人认为这是地球的引力在减小,有的人则认为这是地球内部放射性物质散热引起的。

也有些科学家认为，地球是在变大还是变小，不能一概而论，可能是既在变大，又在变小。他们认为，地球是由宇宙尘埃积聚起来的，这种尘埃还在继续向地球上聚集，比如，常有陨星落到地球上来。据科学家们估计，一昼夜间进入地球的宇宙尘埃，大约有 10 万吨之多，从这个意义上说，地球正在变大；另一方面，地球上大气层的物质也在不断地向宇宙太空中散失，不过数量极其微小，从这个意义上说，地球正在变小。但总的来说，地球变大的幅度要超过地球变小的幅度。

地球究竟是在变大，还是在缩小，目前还是一个科学之谜。但无论是变大还是缩小，有一点是可以肯定的，那就是地球总是处于一种不断变化的状态之中，尽管这种变化极其微小。

地球在不断膨胀吗？

早在 1620 年，英国著名的哲学家和科学家培根就提出过地球在不断膨胀的假设，从这以后，不断有人提出这类假说，并用它来解释地球上的造山运动和大陆及大洋的形成等问题。有人把大陆漂移、海底扩张和地球上各级规模的构造都归因于地球的膨胀，同时指出，地球的膨胀是非对称性的，南半球比北半球膨胀得更显著，因此所有大陆都向北移动，而所有环绕太平洋的大陆看来正向着太平洋运动。

1981 年，地球学家欧文在《演化中的地球》一书中更加明确地指出，在漫长的地质时代里，地球一直处在不停膨胀的状态中。在大约 20 亿年以前，地球的直径可能只是现在的 80%。

欧文的观点是在大陆漂移学说的基础上提出来的，用它可以解决一些以地球体积不变的观点所无法解释的问题。根据大陆漂移学说，在很早以前，地球上只有一块完整的超级古陆，后来在各种内力和外力的作用下，它分裂成了今天的欧亚、北美、南美、非洲、澳大利亚及南极大陆。可是细心的科学家们发现，将这些大陆的模型复原后，各个大陆之间并非完全吻合，还存在着许多球面状的三角空隙。欧文将其称为“三角形地带”。按照欧文的观点,超级古陆分裂时,地球的体积要比现在小,所以各个大陆复原后就会存在缝隙。可以这样说,三角形地带成了地球膨胀说的主要证据。

有人用一个形象的说法来说明这个问题:如果一个橘子的外皮保持不变,而内部逐渐膨胀变大,结果必然会使橘皮裂开而产生裂隙。

古地磁观测资料表明,在近地质时期,各大陆普遍向北移动,而北极地区并没有被这一运动过程所挤压。要合理地解释这一矛盾现象,人们只能认为这是由于地球膨胀造成的。

如果接受欧文的地球膨胀理论,承认地球近20亿年来确实膨胀了目前直径的20%,这就意味着地球的直径增长了大约2500千米,这是一个多么可观的数字啊!但若以20亿年来计算,平均膨胀速度不过每年1.25厘米。那么,这种膨胀的动力来自哪里呢?欧文等人推测,地球内部的地核物质浓度在不断变化,这可能是导致地球膨胀的主要原因。比如说,原来比较稠密的地核转变为比较松弛的原子状态,就会使其体积增大,从而使地球不断膨胀。

虽然地球膨胀的观点十分合乎情理,但它和其他有关地球演化的理论一样,只是假说而已,其真实性还有待于实践的检验。尽管如此,地球膨胀说仍然是充满生命力的,有的国家已成立了科研小组,专门对这一理论进行研究。

科学未解之谜

地壳为什么会运动呢?

地球上的最高峰珠穆朗玛峰所在的喜马拉雅山,在距今800万年至2000多万年前,曾经是一片海洋,喜马拉雅山就是在这片海洋中凸升出来的,直到今天,它还处在不断的上升之中。

地震在古代又称地动,它是地壳岩层发生变形、断裂、错动后,在一定范围内引起地球表层快速震动的一种自然现象。

这种巨大的变化是怎么来的呢?科学家们认为,这是地壳不断运动所造成的。地壳运动的许多证据人们都容易看到,比如山上许多岩

喜马拉雅山

层变得弯弯曲曲和发生断裂错动、火山激烈喷发、强烈的地震等，这些都说明地壳是不稳定的，一直处在运动状态之中。

那么，地壳为什么会运动呢？最初人们是用热胀冷缩的原理来说明这一现象。有人认为地球冷时就会收缩，变热时就会膨胀。还有人认为地球有冷有热，所以时胀时缩。由于这种收缩或膨胀的作用，就导致了地壳的运动。

现在已经没有人相信这种解释了，科学家们转而从地球的结构入手来寻找地壳运动的原因。地壳是地球表面的一个层圈，它全是由固体的各种岩石组成的，平均厚度大约是20千米；紧挨着地壳下面的地幔的上层部分也是固体的岩石。这两部分合起来，在地质学上叫作岩石圈，大约有100千米厚；再往下去可能达到几百千米甚至更深处的地幔物质，不像岩石圈那样坚硬，地质学上把这一部分称为软流圈。科学家们推测这里是具有可塑性的、可以慢慢移动的物质，地壳就“漂浮”在它上面。

现今最流行的说法是，软流圈的物质运动带动了地壳发生运动。由于软流圈中各部分物质的物理和化学性质不同，这些物质经常不断地进行调整，那些温度高、密度小的部分就会发生膨胀，向上流动；温度低、密度大的部分就会收缩，向下流动。这两部分就形成了热力学重力的对流。当这种对流运动向上达到软流圈上部，接近岩石圈时，就会沿着水平方向接近或分离，同时对岩石圈施加影响。形象地说，地壳就像一块木板放在流动的水上(实际是流动的熔岩)，水一流动，木板就会跟着动。

也有的科学家认为，地壳运动是由地球自转速度的变化引起的。这个道理就像人们乘坐公共汽车时，司机突然开车或刹车一样，由于惯性的作用，乘客就会前仰后冲。地球高速自转时，各种力的大小、方向都会随之变化，所有这些力都在对地壳施加影响。而地壳各层的物质成分及其他性质都存在着差异，层与层之间还会发生摩擦，这就使得地壳的各部分受到挤压、拖曳、旋扭等种种作用，出现多种形式的运动，如拉张使地面出现裂谷，挤压使岩层出现褶皱等，这些运动还有可能引起火山爆发和地震。

以上说法都有一定道理，但都未能圆满地解释地壳究竟是怎样运动的，它为什么会运动这样一些问题。这些还有待于科学家们继续探索。

科学未解之谜

地球为什么会颤动?

用过洗衣机的人们会发现，当洗衣机正在工作时，如果衣物集中堆积在机桶自转轴的周围，那么整个洗衣机就会不断晃动。同样道理，人类赖以生存的地球，其物质分布也不平衡，所以地球在自转时，也存在着轻微的颤动，只不过人们感觉不到罢了。有的科学家认为，正是由于地球的这种颤动，导致地球自转轴的北端——北极，在地球表面的位置不是固定不变的，而是呈一种螺旋轨迹移动，轨迹上下偏移 37 英尺(约 11 米)左右，然后每隔六年或七年又重新回到原来的位置。

地球的这种有规律的颤动现象使科学家们产生了很大兴趣，他们把极点螺旋运动分为两个周期的颤动。第一次颤动周期长达 12 个月。根据科学家的解释，这次颤动是由于大气和水体的季节变化引起的。例如，每年冬季，强高压带倾向于聚集在西伯利亚地区，这种变化改变了地球的物质分布，迫使地球随这种变化而发生颤动。

然而，对于第二个颤动周期科学家就难以解释清楚了。它是美国天文学家钱德勒最早发现的，所以称为“钱德勒颤动”或“钱德勒摆动”。这个颤动时间长达 14 个月，它可以从地球的体积、自转速度等推算出来。只要地球的物质分布不均衡，即地球的自转轴与对称轴不相重合，那么地球就会在 14 个月的周期里发生颤动。

有些科学家提出，一定存在着某种不可抗拒的力量使这种颤动得以继续，否则，来自波涛汹涌的海洋以及地球的弹性运动，不久就会使钱德勒颤动停止。那么，这种不可抗拒的力量来自哪里呢?

对于这个问题，科学家们持有不同的看法。一种理论把物质移动归因于地球的液体外核，即正是江河海洋的运动提供了这一动力。而另一种理论则认为，固体地球的地壳运动，方向不定，足以使地球的物质分布永远处于不平衡状态。

美国纽约州立大学的两位大气学家最近提出的一种理论比较引人注目，他们认为 14 个月的颤动说法或许可

以由与颤动同时发生的大气变化所证实。研究员哈密德说:“由于太阳辐射周期的变化,导致大气变化也具有周期性,大气的变化是在不同的时间量程里进行的。”对于这种说法,哈密德的同事柯里在海洋和大气的计算机模型里找到了证据:接近地球表面的空气物质以 14.7 个月的周期有规律地移动。这个周期十分接近钱德勒颤动周期,即地球颤动周期。哈密德和柯里提出,14 个月的钱德勒颤动或许是一种和谐振动,它明显接近 14.7 个月的气压周期而永远继续下去。

哈密德和柯里提到的气压周期,很多科学家通过观察已经证实了它的存在,但是对于他们提出的理论,很多科学家却表示不赞同。他们认为,这个周期很可能是地球颤动带来的结果,而不是颤动的原因。

地球究竟为什么会颤动呢?科学家们只有搜集更多的观测数据和材料,才能得出令人信服的结论。

科学未解之谜

地球会不会毁于外来陨星撞击?

1989 年春天的一个夜晚,美国亚利桑那州立大学的天文学家霍尔特副教授在对月球进行拍摄时,意外地发现了一个模糊的光点。霍尔特和他的助手立即对这个光点进行跟踪,结果他们大吃一惊,这个光点原来是一个小行星,正以每小时 8 万千米的速度向地球逼近。

霍尔特的发现引起了巨大震动。经过周密计算,天文学家估计这颗小行星直径 800 米左右。但是天文学家心中非常清楚,别说是直径 800 米的流星,即使是直径只有 80 米的流星撞击地球,其爆炸当量也相当于几十颗广岛原子弹的威力。

幸好,最后的结果是一场虚惊,这颗小行星从距地球 72 万千米的空中与地球擦肩而过。

那么,地球究竟会不会被外来陨星毁灭呢?科学家们对这个问题虽然还不能做出肯定的答复,但实际情况不容乐观。地球每天都要遭受几百万块太空陨石的袭击,它们都很小,绝大部分在高速进入大气层时就被汽化了。但是有些外来陨星很大,不能被完全汽化掉,就会撞到地球表面上来。一旦发生这种情况,其后果不堪设想。

最新的证据表明,6500万年以前,有一颗直径10千米的大陨星撞入地球,产生了威力相当于10亿枚氢弹的超猛烈爆炸。爆炸产生的浓厚的尘埃云,围绕地球五年时间不散,遮住了阳光,引起了地球生物大规模的灭绝死亡。天文学家经过专门研究后指出,地球每隔8000万年就可能出现一次这样的灾难。

有许多学者还指出,地球曾有过四个卫星,前三个由于在运转过程中过分靠近地球,而被地球所俘获,结果就造成了如今地球上的三大洋。由此人们不难想象,当一个大陨星从天而降时,地球上会出现怎样的情景。

大约4万年前,一个重达10万吨的陨石一头撞在今天美国亚利桑那州的大地上,造成了一个深达170米、直径1240米的大坑。这就是有名的巴林杰陨石坑。

类似这样的陨石坑在地球上应该还有很多,但由于岁月的流逝,地壳的运动及风雨的冲刷,许多远古时的陨石坑已经变形或消失。但在波涛汹涌的大西洋中部洋底,科学家们却获得了惊人的发现,这里有无数个陨石坑,其中一个直径竟达1000多千米。

在渺无人迹的南极,科学家用探测仪探察地貌时,惊奇地发现,白雪皑皑的冰层下隐藏着无数巨大的陨石坑,有的直径达300千米,与月球上的陨石坑相差无几。

1903年秋,一颗陨星在西伯利亚通古斯地区上空爆炸,炽热的高温使这一地区方圆500平方千米的森林顷刻间化为灰烬,爆炸时产生的光亮使得远在千里之外的莫斯科也如同白昼。

尽管也有人对通古斯大爆炸是否是陨星所为提出了疑问,但很多科学家仍把它当成是人类近代史上唯一有据可查的流星撞击地球引起大灾难的实证。它幸好落在人迹罕至的地区,假如有一颗或数颗这样的陨星撞击到地球上人口高度集中的地区,必定会酿成一场空前的劫难。

看来,外来陨星撞击地球的危险是客观存在的,因此,有人认为地球最终会与某一颗外来陨星同归于尽,这种说法并不是危言耸听。当然,地球即使被撞击得千疮百孔,也可能仍在运转,但包括人类在内的地球上的生物,却不得不接受极为严峻的考验。

我国古人早就对地磁现象有所认识。11世纪时,北宋沈括就在其名著《梦溪笔谈》中明确指出磁偏角的存在。不过,沈括并不知道磁偏角是地磁轴与地理轴并不重合造成的,当然更不知道还存在着与此紧密相关的地磁场。

我们知道,地球本身就好像是一个大磁铁,那么它就与磁铁一样,也会有磁场。但是,地磁的许多性质是很奇特的。比如,它并不总是恒定的,而是随时间在非常缓慢地变化。古地磁学研究表明,地磁场的磁极还会发生倒转。

要想解释地磁场的这些奇特性质,就要首先研究地磁场是怎样形成的。

第一个提出地磁场成因理论概念的是英国人吉尔伯特。他在1600年提出一个论点,认为地球自身就是一个巨大的磁体,它的两极和地理的两极相重合。他的理论确立了地磁场与地球的关系,指出了地磁场的起因不应该在地球之外,而应在地球内部。但是,他的理论过于简单,对地磁场的许多特性都不能给予解释。

1893年,数学家高斯在他的著作《地磁力的绝对强度》中,从地磁成因在地球内部这一假设出发,创立了描绘地磁场的数学方法,使得地磁场的测量和地磁场起源的研究都可以用数学理论来表示。但这仅仅是一种形式上的理解。

目前,关于地磁场起源的假说可分为两大类:第一类假说是以地球表面上通过观测得来的并通过实验已经确定的物理定律为根据;第二类假说否定了这些定律,认为对于地球这样一个宇宙物体,存在着不同于现有已知定律的特殊定律。

属于第一类地磁场起源的假说有旋转电荷假说。它假定地球上同时存在着等量的异号电荷,一种分布在地球内部,另一种分布在地球表面,电荷随地球旋转,因而产生了磁场。但是,这个假说不能解释电荷是怎样分离的。

以地核为前提条件的地磁场假说也属于第一类假说。还有弗兰克提出的发电机效因理论,它认为地核中电流的形成,应该是地核金属物质在磁场中做涡旋运动时,通过感应的方式而发生的。同时,电流自身形式的场就是连续不断的再生磁场,好像发电机中的情形一样。弗兰克所建立的模型说明了怎样实现地磁场的再生过程,解释了地磁场有一定的数值,但是在应用这种模型的时候,很难解释在地核中的这种电路是怎样经过圆形回路而闭合的。此外,这个模型也没有考虑到电流对涡旋运动的反作用,而这种反作用是不允许涡旋分布在平行于赤道面的平面内的。

属于第一类的还有漂移电流假说、热力效应假说和霍尔效应假说等,但这些都不能很好地解释地磁场的奇异特性。

属于第二类假说的一个典型代表就是重物旋转假说。1947 年,布莱克特提出,任意一个旋转体都具有磁矩,这又与旋转体内是否存在电荷无关。磁矩 M 与机械转矩 P 成比例。但是,直接证明旋转物体磁场的存在是非常困难的。现在测量磁场的技术能够测出非常微弱的磁力,但却观察不到旋转体的磁效应,因而这个假说恐怕一时还不能成立。

长期以来,科学家一直致力于解决地磁场的起源问题,但由于对地球内部物质状态的物理过程了解太少,一系列理论问题尚未解决,只好让这个疑问存在下去。

地球磁场为何会逆转?

大家都知道,指南针在地球磁场的作用下,总是忠实地指向北方,这似乎是天经地义的。可是谁会想到,在逝去的漫漫历史长河中,地球的磁场却多次发生逆转,即地球的磁南极变为磁北极,而磁北极却变成了磁南极。

早在 20 世纪初,法国科学家布律内就发现,70 万年前地磁场曾发生过倒转。1928 年,日本科学家松山基范也获得了同样的结果,可惜未能引起人们的重视。第二次世界大战后,随着古地磁研究的迅速发展,人们获得了越来越多的类似资料。例如岩浆在地磁场中冷却、凝固成岩石时,会受到地磁场化而保留着像磁铁一样的磁性,其磁极方向和成岩时的地磁方向一致。人们还发现,有些岩石的地磁方向与现代地磁场方向截然相反。20 世纪 60 年代,钾氩法同位素地质年龄测定法与古地磁学相结合，终于确定了地磁场倒转的具体年代。其后，海底火山的磁力测定的盛行，使当今最受欢迎的地球板块构造学得到了发展。科学工作者通过陆上岩石和海底沉积物的磁力测定以及洋底磁异常条带的分析，终于发现，在过去的7600万年间地球曾发生过171次磁场倒转，距今最近的一次发生在70万年前——正如布律内所指出的那样。

据认为，地磁场发生倒转前有明显的预兆：地球的磁场强度急剧减弱，直至降低为零。随后约需一万年的光景，磁场强度才缓缓回复。但是，磁场方向却完全相反。

法国和美国的科学家经过协同研究，首次应用铍10元素分析法证实了地磁场倒转时，宇宙射线与地球大气间有着急剧冲突。地球上存在的铍元素，几乎100%是稳定状态的铍9元素，而大气中氮、氧等一旦遇上宇宙射线中高能粒子的作用，则会发生核裂变，产生铍7和铍10元素。铍7的半衰期很短，铍10的半衰期却长达150万年之久。如果70万年前地磁场确曾发生过倒转的话，大气中产生的铍10元素必然还残存于地层中。科学家们设法从南纬46°30′东经30°16′（非洲大陆南端与南极大陆之间）的大西洋海底4731米深处，取得了钻探岩心。经铍10浓度分析和磁力测定，惊喜地发现，距今70万年年代层的铍10浓度竟为其他部分的两倍之外，从而有力地证实了70万年前，地磁场确实发生过一次倒转。

那么，地磁场为什么会发生倒转呢？多少年来，这个问题一直引起人们的极大兴趣。据史载，早在1600年，酷爱物理学的英国女王伊丽莎白一世的侍医吉尔伯特通过实验，提出了“地球本身是块磁铁”的见解。著名数学家、地磁学大师高斯证实，产生地磁的原因就在于地球内部。高斯对世界各地的大量观测结果做了仔细分析，进而指出，地球中心有个相对于地球自转轴呈约11°倾斜角的地磁轴。其后，世界各地测定发现，地磁每年都在发生着变化。它预示了地球内部似乎有某种物质在起作用。

对于地磁场倒转的根本原因，目前比较有代表性的假说是所谓“发电机理论”。这种理论认为，地球的核心是由熔融状的铁镍等组成，这种流体随着地球的自转而旋转。因为是在磁场中运动，于是就有涡电流产生，形成了新的磁场。这一过程与发电机酷似，所以称为“发电机理论”。实际上它还涉及流体的对流等因素，这种复杂的运动导致地磁场时常发生变动。另一种理论认为，地球所处的太阳系围绕银河系中心运转时，或多或少要受到外界的有规律干扰，可能就是这种干扰导致了地磁场的变化。

高 斯

据测定，目前地球的磁场强度有逐渐减弱的趋势，其磁极点也正在以每年10千米的速度移动着。例如在过去4000年中，北美洲磁场的强度已减弱了 50%，南磁极 1909 年还位于东经 155°南纬 72°30′附近，以后逐渐向东北方向移动，1962 年已移出南极大陆，1975 年抵达东经 140°南纬 65°10′附近的海域。这是否预示着地磁场将要倒转呢？对此科学家们不敢妄加评论，只有找到了地球磁场发生逆转的根本原因，才有可能得出最后的结论。

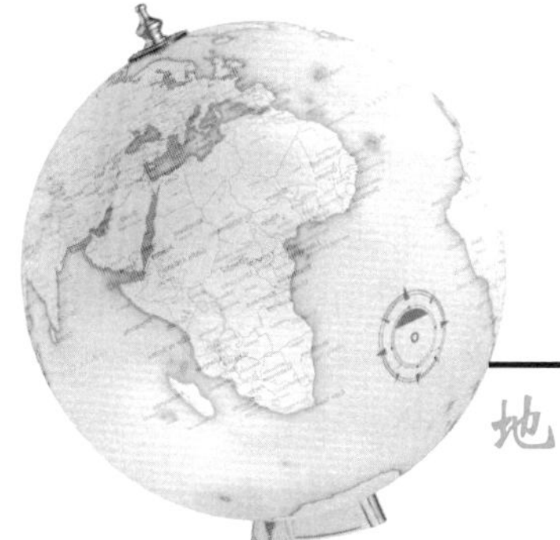

人们所使用的地球仪是正球体的，而实际上地球并不这么圆。只不过要把庞大的地球缩小制成一个直径 1 米的地球仪，赤道半径只比极半径长 1 毫米多，这点儿微小差别在地球仪上是表示不出来的。

科学未解之谜

地球的南北两极为什么一凹一凸？

1989 年，为纪念瑞典科学院建院 250 周年，瑞典邮电部门专门发行了一套极地邮票，在本票的封面上印有两幅地图，左边是北冰洋地图，右边是南极地图。细心的人发现，南极洲和北冰洋一个是陆地，一个是海洋，面积和形状却极其相似。北冰洋的面积是 1470 万平方千米，南极洲的面积则为 1405 万平方千米。如果把南极地图剪下来，覆盖在北冰洋上，旋转 750°，南极半岛正好像一条腿似的伸进大西洋北端的挪威海。如果有一把巨大的"铲子"，能将南极大陆沿海平面以上 250 米左右的地方铲下来，然后翻转过来，小心翼翼地扣到北冰洋里去，那么地球的两极就会变成海拔 250 米左右的平地。

地球的南北两极在高低起伏上也有明显的对应之处。南极有一条高高的山脉横穿大陆，它就是横贯山脉；而北极则有一条深深的海沟横在海底，它就是北极海沟。北冰洋的平均深度为 1280 米，而南极洲的平均高度为 2350 米。南极洲最高的山峰是南极半岛根部的维索高地，海拔为 5140 米；而北冰洋最深的地方深达 5608 米。也就是说，南北两极不仅其最高点和最低点的海拔数值大体相似，而且其所在的位置也一一相对。

地球的南北两极为什么一凹一凸呢？这个现象引起了一些科学家的注意。如果说这些奇异的地理现象并不是巧合，那么唯一的可能就是地球在早期形成过程中，宇宙中似乎存在着一种巨大的压力，就像压模似的，不仅把地球压成了一个扁平的球体，而且还把地球顶部压成了一个大坑，形成了北冰洋；而大坑中的物质则在底部凸了出来，形成了南极洲。这个猜测是否正确呢？这种巨大的压力是从哪里来的呢？目前还没有人能对此做出解释。

科学已揭之秘

不圆的地球

公元前500年前后，古希腊出了个大数学家，名叫毕达哥拉斯，他认为在一切立体的图形中，球形是最美好的。既然如此，那么宇宙中包括地球在内的所有天体都应该是球形的才对。

毕达哥拉斯的说法有一定道理，但毕竟只是推论，人类不能仅凭推论就接受他的观点。过了100多年，古希腊著名的哲学家亚里士多德又提出地球是球形的，证据是他在观察月食时，看到地球在月球上的投影是圆的，那么大地的形状也一定是球形的。亚里士多德的这个观点刚一提出来，就立刻引来一片质疑：如果大地真是圆的，那么住在地球另一面的人，为什么没有掉到下面的空中呢？那时候的人不懂得有地心引力，这样的问题也就很难回答上来。

到了16世纪，这个问题彻底有了答案。麦哲伦率领的船队，环绕地球航行一周成功，直接证明了大地是球形的，地球这个名字也由此而来。大地是球形的，很多现象就好解释了。比如在海边看离岸的船，先是船身隐没，然后才是桅帆。在陆地上旅行的人，如果向北走去，一些星星就会在南方的地平线上消失，另外一些星星却在北方的地平线上出现；如果向南走去，情况正好相反。

球都是圆的，那么地球圆不圆呢？这又是一个令人感兴趣的问题。17世纪末，英国物理学家牛顿推测地球应该是扁球体，因为自转所产生的惯性离心力，会使地球上的物质向赤道方向移动。而以巴黎天文台台长卡西尼为首的一派，根据他们测量子午线所得的不准确数据，认为地球是个长球，而不是个扁球。这个争论延续了半世纪之久。法国启蒙思想家伏尔泰对这场地球形状之争风趣地总结道："在伦敦认为是橘子，而在巴黎却把它想象成为一个西瓜。"

18世纪30年代，法国科学院派出两个远征队，一队到北极圈附近的拉普兰，一队到南美洲赤道附近的秘鲁，分别测量两地子午线的长度，才发现卡西尼的测量有错误，而牛顿的推论是正确的。

随着测量技术的不断进步，特别是人造地球卫星的利用，现在测得的地球赤道半径为6378140米，极半径为6356755米，两者相差为21385米，它的扁率为1/298.2。从这方面讲，地球要比橘子圆得多。

此外，人们在测量中又发现，地球的赤道也不是正圆，而类似椭圆，最大半径与最小半径相差200多米；北半球要比南半球细长一些，北极地区要高出10米左右，南极地区则要凹进去30米左右。形象地说，地球既不像橘子，也不像西瓜，更像一只梨，北极是顶部，南极是根部。

科学未解之谜

地光是怎样形成的?

在形成于春秋时代的《诗经》中,曾经描绘过公元前200多年发生在陕西一带的一次大地震:“烨烨震电,不宁不令,百川沸腾,山冢萃崩。”这里的“烨烨震电”说的就是与大地震伴生的地光。

地光这一奇异的自然现象,很早以来就为人们所发现。因为它常与地震相伴随,在某种情况下还可作为地震的前兆,因此更为人们所注意。

的确, 在地震发生前后的一段时间里, 往往伴随着隆隆地声而同时出现闪闪地光。地光的颜色多种多样,红、橙、黄、绿、青、蓝、紫都有。人们通常看到的地光,有的蓝里带白,酷似电焊火花,耀人眼目;有的红似朝霞,映满天空;有的形似彩虹,五颜六色;有的犹如一条光带划破长空;有的则如一团火球,或沿地翻滚,飘忽不定,或腾空而起,高悬半空……面对如此奇异的景象人们不禁要问:地光到底是怎样形成的呢?

有些科学家从大气静电场强度的变化和空气中带电离子浓度的变化着手研究地光的发生过程。他们发现,在地震的孕育过程中,随着地应力的增加和裂缝的产生,地下含有放射性的物质的液体、气体以及其他易挥发的成分会向地表迁移而进入大气。这些气体都很容易发生电离。一旦它们以离子状态进入大气后,便会增加大气中离子的浓度,当达到一定数值时,再加上某些诱发因素,就可能引起放电发光。

如果是这样的话, 那些诱发因素又是什么呢?

有的学者认为,地光与大气圈、岩石圈乃至水圈都有密切的关系。地震是一种能量的积累和

1975年我国辽南地区发生大地震, 地光现象极为普遍,看到的人很多,还有人被灼伤。据实地考察,辽南地震时地光多出现在第四纪疏松沉积物覆盖下的辽河平原地区,有的和冒沙孔完全一致,这就说明这类地光的出现是浅层天然气和石油因地震活动而喷射出来自然发光所致。

释放过程。由于地球不停地自转和地球内部物质的不断运动,在地球内部就产生了一种力,促使地壳中的岩层发生变形。与此同时,岩层也产生一种反抗变形的力,称为地应力。随着岩层变形的加剧,地应力不断增强,当地应力积累到一定强度时,岩层就会突然发生破裂和错动,于是出现巨大的能量释放,并以地震波的形式向四周传播。地震波有纵波、横波,还有高频波和低频波之分。而高频波和低频波可能就是引起地光的一个原因。

有的学者根据石英岩的压电效应,认为地壳中的岩石在具有较高电阻率的情况下,1~10 赫兹的低频地震波能使岩石产生很强的高压电场,从而使空气受激发光。

有人从地震发生前有些日光灯会自动闪亮这一现象得到启示,认为地光也可由高频地震波(超声波)打击空气所造成。有人还指出,深层地下水的流动也可导致大地电流的产生,从而引起地光的发生。

此外,还有人认为,地光的形式是多种多样的,因此它的成因也决非一种。例如有的地光是沿着裂缝发生的,这样的地光可能是由于坚硬的岩层在强烈的地震时发生断裂或摩擦产生的。中国古代就有"火生石中"的说法,比较直观地把地光和地壳的组成与变动联系起来。但这种说法只能解释一部分地光,而不是全部。

美国科学家在实验室里对圆柱形的花岗石、玄武岩、煤、大理石等多种岩石试样进行压缩破裂实验时发现,当压力足够大时,这些试样会爆炸性地碎裂,并在几毫秒内释放出一股电子流。正是这股电子流激发了周围的气体分子,使它们发出微弱光亮。这种岩石破裂时所产生的光亮,使人们有理由相信,当强烈地震发生时,广泛发生的岩石破裂作用会产生足以使人感到炫目耀眼的地光闪烁。但这也只是解释了形成地光的一种可能性。

总之,要想彻底弄清地光的形成原因,还需科学家们做许多工作。

极光是怎样形成的?

在北半球高纬度地区的许多国家,人们有时会在茫茫的夜空中发现一种绚丽多姿的神奇闪光,它有时会以红色绒幕状蓦然出现,转瞬之间又变成一片绿色的草地。时而似万马奔腾,时而似龙蛇游动,或者刀光剑影,

奇异的极光

早在古代，人们就发现了这种奇异的极光，但那时是把极光作为上帝和神的一种威力来看待的。在古罗马神话中，人们就把极光视为神明，每当极光出现时，便为之欢呼雀跃。有人把它当作一种灾难降临的征兆，为此惊慌失措。有的统治者则把极光的出现看成是占卜国家战争、民族骚乱的一种征兆。如隋朝一员大将发现“北有赤气，长百余里”，便认为这是天意命令攻打匈奴的一种先兆，于是说服了隋文帝杨坚出兵。

火焰喷射……这种在夜晚天空中出现的光怪陆离的奇景，被人们称为极光。它在美国阿拉斯加北部、挪威北部等地区很容易被见到，时间集中在春分与秋分前后。

极光的爆发会严重干扰电离层，破坏无线电信号的传播，这会对通信和交通带来严重影响。例如，监视极地上空飞行器的预警屏幕上，有时会接收到其他地区的飞行器信号，出现虚假图像并报警。有时又会在极光的干扰下，发现不了极地上空的飞行器，这对空中飞行的安全十分不利。

另外，极光可以在许多细长的导体中感应出强大的电流，从而产生巨大的破坏力。如在1972年，一次极光的出现竟使美国北部一台23万伏的变压器被炸毁，还造成一条高压输电线跳闸。

为了防止和避免极光对人类的破坏，科学家们对极光进行了大量的研究，其中研究的最根本的问题是极光的形成原理，但直至今天还没有人能对此做出十分满意的理论解释。

极光究竟是怎样形成的呢？一般认为，极光是太阳活动、地球磁场和高空大气共同作用的产物。太阳内部剧烈的核反应能产生大量的能量，并不断地向太空喷射大量的带电粒子，如质子、电子等。这些带电粒子冲入地球后，集中降落于南北极的高空层，与各种气体原子和分子冲撞后，便造成发光现象。

然而这种看法存在着很大的漏洞。如果说极光是由太阳造成的，那么太阳向地球释放的带电粒子是不间断的，因而极光也应是持续不断的一种现象。然而事实并不如此，这又如何解释呢？

后来，人们又提出了几种假设，企图揭开极光之谜。有的科学家认为，极光的形成是以带电粒子高速通过地磁场为前提的。而从太阳发出的带电粒子流在各种因素的影响下，很像一台天然的“发电机”，它发出的电流能形成离子流。“发电机”转速加快时，促使等离子区的离子流加速，极光便会加速释放，而“发电机”在低速运转时，就是极光的平静期。

也有人认为，地球的磁力线具有一定的弹性，它能把太阳风泄漏进来的粒子在磁场内积累起来，然后在某种触发因素作用下骤然将其释放出来，这就形成了极光的突然爆发。

以上各种理论虽然彼此冲突，但是可以看出，极光的形成确实与太阳的活动存在一定的联系。科学家们也正是从这一联系出发，动用各种先进技术，以求早日揭开极光形成之谜。

科学未解之谜

造成火山爆发的主要原因是什么？

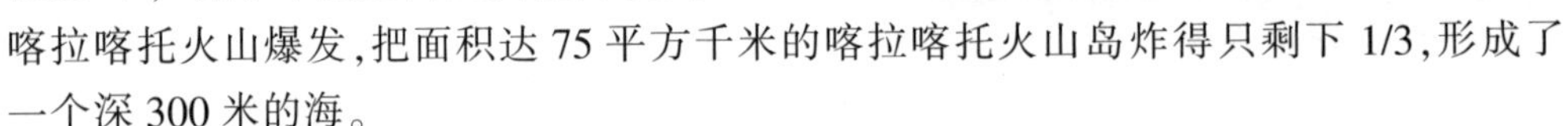

地球上的火山爆发总是具有惊人的破坏力量。早在公元 79 年，意大利的庞贝城就毁于维苏威火山爆发。1883 年，位于印度尼西亚巽他海峡的喀拉喀托火山爆发，把面积达 75 平方千米的喀拉喀托火山岛炸得只剩下 1/3，形成了一个深 300 米的海。

火山爆发所造成的严重灾害，引起了科学家们对火山研究的重视，对于有关火山的一些问题进行了大量深入的研究，取得了很多成果，但有一个首要问题却至今没有得到彻底解决，这就是：决定火山爆发的主要因素是什么？

科学家告诉我们，火山爆发是岩浆活动的结果。在地壳的巨大压力下，地层深处的岩浆处于高度的压缩状态，一旦地壳出现裂缝，岩浆就会顺势上升。接近地表时，在氧气的作用下，岩浆温度大大提高，发生剧烈膨胀，于是就冲破了地壳最薄弱的地方，形成凶猛的火山喷发。

按照传统的理论，在火山爆发的过程中，气是主要的动力。火山好像一个啤酒瓶，里边装着很多岩浆，岩浆里含有很多水分和气体，包括炽热的蒸气。地壳的板块移动碰撞，就好像在摇晃啤酒瓶，使气体和水蒸气活跃起来，最后带动熔岩一起喷发出来。因此，火山爆发的时间，主要是由溶解在岩浆中的气体数量决定的。

针对这种“啤酒瓶”理论，有些地质学家又提出了一种“压力锅”理论。他们认为，一座火山如同一口压力锅，上面装的是正在上升的岩浆柱，下面装的是储存的岩浆，中间有一个安全阀，它就是火山出口岩壁上的孔隙度。当岩浆所提供的压力足以把岩壁孔洞中的气体完全驱走，安全阀就会打开，让岩浆喷发出来。如果岩浆的压力不足，安全阀就会把岩浆老老实实地关在下边。

“压力锅”理论的提出，引起了很多科学家的极大兴趣。他们指出，根据这种新理论，对火山喷发后岩浆样本中的气体含量进行分析，同时对火山岩石的孔隙度进行测量，就有可能预测火山是否会再次喷发。如果这种预测能够应验，就可以证明“压力锅”理论有一定的正确性，但目前在这方面还没有得到明确的结果。

海水是从哪里来的？

众所周知，整个地球表面积的71%被海洋所覆盖着。海水是地球上水的主体，占地球总水量的96.53%。海水的总体积达13.7亿立方千米，比陆地的体积还要大14倍。这么多的海水是从哪里来的呢？

起初，科学家们普遍认为，这些水是地球固有的。当地球从原始太阳星云中凝聚出来时，这些水便以结构水、结晶水等形式存在于矿物和岩石中。比如，在火山活动中，总是有大量水蒸气伴随着岩浆喷溢出来，这些水蒸气便是从地球深部释放出来的“初生水”。当时，地球的外层空间没有大气包围，太空中的流星陨石可以长驱直入，不断轰击着地球脆弱的外壳，引发了一次次强烈的地壳运动和火山喷发。地球表面被陨星撞击的凹处，便成了后来贮存海水的海盆，逐渐从矿物和岩石中释放出来的“初生水”填充到这些坑洼凹陷的海盆中，这就是大海的雏形。

然而，科学家们经过对“初生水”的研究，发现它只不过是渗入地下然后又重新循环到地表的地面水。况且，在地球近邻中，金星、水星、火星和月球都是贫水的，为什么唯有地球拥有如此巨量的水呢？

那些坚持认为海水是地球上固有的科学家认为，如果过去的地球一直维持着与现在火山活动时所释放出来的水蒸气总量相同的水蒸气释放量，那么几十亿年来的累计总量将是现在地球大气和海洋总体积的100倍。所以，地球上拥有这么多水并不值得奇怪。至于金星等地球的近邻贫水，那是由于其引力不够或温度太高，不能将水保住，不能由此推断地球早期也是贫水的。

“冰彗星”的假说在哈雷彗星1986年再次光临地球时得到了验证。科学家们观测到，哈雷彗星中确实含有水分。

近年来，有些科学家做出了这样的假设。那是在地球历史的早期，曾经和一颗直径为900~950英里的由冰构成的“冰卫星”发生了一次碰撞。正是这次碰撞使地球从“冰卫星”那里获得了目前地球上的所有水分，并且为地球表面的快速冷却创造了较好的条件。而金星没有福分接受这样的太空“恩赐”，所以就没有像地球这样形成浩瀚的大海。

还有的科学家从人造卫星发回的数千张地球大气紫外辐射照片中发现，在圆盘状的地球图像上总有一些小斑点，每个小斑点存在两三分钟，面积达2000平方千米。于是，他们提出了一个与“冰卫星”异曲同工的假设。那是在远古时代，太阳系里运行着数以万计的小冰彗星，它们以每分钟大约20个的数量源源不断地冲进地球的高层大气，最终以水的形式落到地面上。那些小斑点就是小冰彗星冲入地球大气层造成的，因摩擦生热转化为水蒸气。它们以每分钟约100吨的速度，释放出大量的液体水，经过几十亿年后，地球上便“水满洼地”了。

对于茫茫大海的成因，无论是“冰卫星”假说，还是“冰彗星”假说，都与传统的解释背道而驰，它们孰是孰非，至今还无定论。

科学未解之谜

海水为什么是咸的？

当人们在海里游泳的时候，一不小心喝了口海水，就会觉得它的味道又咸又涩。海水之所以咸，那是因为海水中溶解了多种盐类的缘故。你盛来一盆自来水，再盛来一盆海水，放在阳光底下将它们晒干，就会发现：自来水晒干后，盆底什么都没有；海水晒干后，盆底上却留下白花花的一层，这就是盐。人们利用这个原理，在海边围滩晒盐，就是从海水中直接取盐的过程。

海水中究竟有多少盐呢？根据实验，平均每千克海水中约含盐 35 克，其中大部分是氯化钠，还有少量的氯化镁、硫酸钾、碳酸钙等。正是这些元素使得海水变得又咸又涩，难以入口。

那么，海水里的这些盐又是从哪里来的呢？

一部分科学家认为，最初的海水所含的盐类成分很少，甚至是淡水。后来海水中含有的盐分，是由陆地进入大海的。陆地上的岩石土壤中含有不少盐分，在雨水的浸洗下，它们不断地溶解在水中，流入小溪、河流，最后流进大海。天长日久，水分不断蒸发，盐分逐渐沉积，海水就变成咸的了。有关数据表明，现在每年经江河带进海中的盐分有 39 亿吨。

按照这部分科学家的推断，随着时间的流逝，海水将会越来越咸。而有些科学家经过长期的测试研究发现，海水并没有随着时间的增加而越来越咸，海水中的盐分也没有增加，只是在地球各个地质历史时期，海水中所含盐分的数量和成分有所变化。于是，这些科学家就提出了相反的意见：海水从一开始就是咸的，这是先天就形成的。

死海是一个内陆盐湖，位于以色列和约旦之间的约旦谷地。死海是世界上盐度最高的天然水体之一。死海的湖水中，鱼儿和其他水生物难以生存，水中只有细菌没有生物，岸边及周围地区也没有花草生长，所以人们称它为“死海”。

还有一些科学家认为，最初的海水含有的盐分很少，口味很可能相当于我们现在喝的淡水。河流给海水带来盐分的同时，也带来了大量的淡水，因此单凭河流注入这一个因素，并不能使海水变咸。在大洋底部经常有海底火山喷发，随着海底岩浆的溢出，海水中的盐分就会不断增加。

既然海水中的盐分是不断增加的，那么海水是不是会越来越咸呢？科学家以死海为例指出，随着海水中可溶性盐类的不断增加，它们之间就会发生化学反应，生成不可溶的化合物沉入海底，被海底吸收，这样一来，海洋中的盐度就会保持平衡。

科学未解之谜

海洋的面积为什么比陆地大？

与太阳系中的其他行星相比，地球更像一个水球，地球的表面被海洋占去了71%，而陆地只占29%。

地球上多水的根本原因，在于地球离太阳距离比较合适，地球的大小比较适中。二氧化碳的良性循环机制，使地球总的温度维持在水的冰点以上，沸点以下。可以这样说，地球上之所以会有如此浩瀚无边的海洋，其原因在于它得天独厚的条件。但这只是解释了地球上为什么会存留着那么多水，却没有解释为什么海洋的面积会大大多于陆地。要知道，假定地球上总水量不变，而地球的表面发生变化，沟沟壑壑再多一些，那么海水就会集中到那些地方，陆地就会相应地多起来。假定地球上的总水量再增加一倍，那么地球上就没有陆地而言，全都会被海水淹没。而从现状出发，那就要从地球的形成中寻找原因了。

有一种观点认为，当初地球在由热变冷时，由于外壳冷得快，就首先结成了地壳。后来内部物质继续冷却，体积发生收缩，外壳就变得宽大了，于是就出现了沉陷、褶皱等现象。这就好像一个苹果发生干瘪时一样，虽然有些地方隆了起来，但更多的地方都凹了下去，而凹下去的地方就被水注满了，所以海洋的面积就比陆地大。

另一种观点认为，当地球还处在熔融状态时，由于太阳引力的作用和地球剧烈运转的结果，就把地球上的一大块物质甩了出去，形成了月亮，留下来的缺口就是太平洋。由于这个缺口的出现，就造成了地壳其他部分的不平衡，促使其他大洋相继诞生，于是就造成了地球上海洋面积大于陆地面积的现象。

还有一种观点认为，由于地球是由冷的固体物质聚集而来的，大陆是从地壳下浮出来的。刚浮出来的大陆就像岛屿一样，面积很小，但它越来越大，就变成了如今的大陆。但从总的情况来看，大陆的生成作用很缓慢，虽然经过了几十亿年的时间，毕竟时间还不够，总有一天陆地的面积会超过大洋的。

上面这些观点还都是一些假设，但即使是这样，仍然受到了不少质疑。比如，地球当初是不是熔融的物质，这还是一个疑问，那么由此而做出的推测就不能不令人怀疑。再比如，对于那种大陆不断扩张的观点，有人针锋相对地提出，海洋正在扩张，说不定大陆会被全部淹没。

海陆分布的问题十分复杂，它涉及许多方面。因此，只有把这个问题扩展开来，并在其他方面获得突破性进展，才有希望揭开这一秘密。

科学未解之谜

海洋的面积在不断缩小吗？

在大陆地质研究中，有些科学家注意到了这样一个现象：一些大陆具有从中心向外逐渐增生的特征。如欧洲大陆，其中心是形成于前寒武纪（5.7 亿年前）的俄罗斯地台与波罗的地盾；往外有下古生代(4 亿年前)形成的加里东褶皱带；再往外又有更晚形成的上古生代海西褶皱带(2.3 亿年前)；然后又有形成于中古代(6700 万年前)的阿尔卑斯褶皱带。它们一环又一环地围绕着中心的古陆地，显示出逐渐扩大增生的趋势。类似的情况在我国、北美等地区也可以看到。既然大陆是随着岁月在逐渐扩大的，那么海洋就必然会随之不断缩小。

但是，大陆地壳的化学成分是花岗石质的，而近代有越来越多的证据表明花岗石是早期岩石的变质产物。换言之,它是地壳物质周而复始循环作用的结果。据此,一些地质学家认为,大陆并没有增大,那些新形成的褶皱带实质上只不过是旧地壳物质的再造。这个大陆的增生是通过本大陆或其他大陆的破坏来完成的,所以大陆和海洋的相对面积一直保持恒定。

那么,这两种观点究竟孰是孰非呢?20世纪60年代中期,美国马萨诸塞理工学院的赫尔针对以上两种不同意见,利用锶同位素进行了检验。据理论分析,如果地壳是通过地幔物质的不断分出而增生的,则岩石中锶同位素的变化应是一条直线。实测的结果是前者不是后者,所以他认为这说明大陆确实在增生,而海洋一直在缩小。

几乎同时,另一名研究者美国加利福尼亚理工学院的佩特森则采用铅同位素对此进行了研究。铅有四种同位素:^{208}Pb、^{207}Pb、^{206}Pb、^{204}Pb,其中前三种铅的重同位素可以由放射性元素铀和钍蜕变而来。地壳物质比地幔物质更富含放射性元素铀和钍,因此地壳物质的铅的重同位素增长率就大于地幔物质。这样一来,只要测定出不同时代的花岗岩的铅同位素比,就可以做出合理的判断。佩特森测定的结果证明,不论哪一时代的花岗岩,其铅同位素组成都反映出它们是来自富含铀、钍的原始物质。据此,他认为,地壳物质没有得到地幔物质的补给,而是通过不断的循环作用在更新着。

赫尔利与佩特森的研究结果出现了尖锐的矛盾,这样就使人们无法解决海洋是否在缩小这一疑问。后来又有一个法国科学家阿莱格尔企图调和两者之间的矛盾。他认为新生陆地的物质来自两个方面,既有地幔来源,也有地壳来源。早期地幔来源多,地壳来源少;后来地壳来源的比重越来越大。玄武岩代表了地幔来源,花岗岩则代表了地壳来源。锶主要存在于玄武岩中,而铅主要存在于花岗石里,所以赫尔利与佩特森得出了不同的结论。他认为,在10亿年前,大陆面积确实是在不断增大,以后增生的速率逐渐变慢,至5.7亿年前,即寒武纪开始以来,这种陆地的增生就基本趋于停止,海陆的面积也就保持着相对的恒定。

不过,阿莱格尔也没有提出令人信服的证据,因此,大陆是否在增生,海洋是否在缩小这个问题仍是一个有待于进一步探索的谜。

科学未解之谜

太平洋是怎样形成的?

太平洋是地球上最大的构造单元,它不仅以其水深和面积居于四大洋之首,并且与大西洋、印度洋、北冰洋相比,它还有着许多与众不同的构造及演化历史,例如环太平洋的地震火山带、大洋两岸地质构造差异显著、广泛分布的岛弧—海沟系等等。这就使许多人相信,太平洋一定有它自己独特的形成原因。

最早对太平洋的成因做出解释的是英国的小达尔文,他提出了"分裂说"。这个假说认为,在地球形成的初期,它尚处于半熔融状态,其自转速度要比现在快得多,并且在太阳引力的作用下发生潮汐。当潮汐的振动周期与地球的固有振动周期相同时,便会发生共振现象,从而导致振幅越来越大,最后有可能引起地球局部破裂,破裂部分的物体飞离地球,成为月球,而留下的凹坑便成了地球上的太平洋。

由于月球的密度(3.341 克/立方厘米)与地球浅部物质的密度(平均密度为 3.2~3.3 克/立方厘米)相似,并且人们也确实观测到,地球以前的自转速度比现在快得多,所以小达尔文的"分裂说"曾经获得了许多人的支持。

然而,随着研究的深入,有的科学家指出,要想使地球上的物体飞向天外,地球的自转速度不应慢于 24/17 小时,即地球上一昼夜的时间不超过 1 小时 25 分,这显然难以令人相信。并且,如果月球是从地球上分离出去的,那么月球的运行轨道应处于地球的赤道面上,事实却并非如此。另外,科学家们已探明月球上的岩石与地球上的岩石在形成年龄上相差达 8 亿年,这显然也否定了月球曾是地球的一部分的说法,因而

"分裂说"逐渐被人们所摒弃。

随着天体地质研究的发展，人们发现了在距离地球较近的星球上，如月球、火星等，都广泛存在着陨石撞击坑，有的规模相当巨大。于是有些科学家猜想地球也可能受过同样的撞击。法国人狄摩契尔就曾提出，太平洋可能是由前阿尔卑斯期的流星撞击而成的，但是他没能提出足够的证据。

到了20世纪60年代，许多科学家在仔细研究了月球等类地天体的地质特征后，也相信太平洋是由外来撞击形成的。我们知道，月球上的构造单元主要有两种，即月陆和月海。月海是月球早期由于小天体猛烈轰击而形成的近似圆形的洼地，其中最大的月海——风暴洋面积达500万平方千米。

科学家将太平洋与月海相对比，发现它们有如下共同特征：一、月海在月球上的分布是不均匀的，太平洋也偏于地球一方，这表明了它们所受撞击的随机性。二、月海的外廓呈圆形，比月陆低2000~3000米；太平洋大至接近圆形，比大陆低3000~4000米。三、月海周围有许多山链环绕，而太平洋的周围也有绵延的山链。四、太平洋底分布有起伏的海岭和海底山脉，在月海的底部也可见到一些山形或堤形的隆起。

由于存在着这些相似之处，科学家们认为，太平洋是由于地球早期受到巨大的撞击作用而形成的盆地。他们进一步指出，虽然太平洋具有许多月海所没有的特征，如太平洋底的地壳、岩浆活动仍很频繁，而月海却十分沉寂，但这是由于地球的质量和体积远远大于月球，其内部储存的能量足够维持漫长年代的地壳运动。另外，在漫长的地质史中，太平洋经历了无数次的改造，最终才形成今天的模样。

上述观点推理十分严密，因而获得了许多人的支持，但有些学者却对这种推理所依赖的基础表示怀疑。他们认为，太平洋与月海共有的一些特征也许只是巧合而已，不能以此断定太平洋和月海一样，都是在撞击作用下形成的。然而，事实究竟是怎样的呢？至今还没有人能给出无可争议的回答。

大洋中脊是怎样形成的?

早些时候,人们曾以为海洋底部是平坦的。可是随着科学技术的发展,人们应用声呐测深仪等技术手段,发现大洋底部同陆地表面一样,也是起伏不平的,甚至某些地方的地形起伏要比陆地表面大得多。例如,科学家们发现,世界各大洋的底部竟然都有一条巨大的、绵延万里的山系。人们将其称为“大洋中脊”。

大洋中脊一般都绵延于大洋中部,好像巨大的屋脊一样,它也正是因此而得名。早在 18 世纪 70 年代,英国的科学工作者在进行海洋调查时就觉察到大西洋底的中间要比两侧高。后来,德国的专家也证实了这一点,并且发现大西洋中部高地是一条绵长的海岭。到了 1959 年,美国地质学家对所有的调查资料进行研究后,惊讶地发现,被称为“大洋中脊”的原来是一条连贯全球的巨大海岭系统。它从大西洋北部的冰岛起,蜿蜒绕过印度洋、太平洋,最后潜没于北美大陆的西岸之下。这条巨大的海底“卧龙”,绵延长达 7 万多千米,成为地球上最长的山岭。

纵贯世界大洋洋底的大洋中脊的发现,给地球科学理论带来了一次强有力的冲击。

科学家们发现,陆地上的大山岭通常都是由沉积岩层组成的,但大洋中脊却是由火成岩组成的。地球物理探测也表明,大洋中脊附近存在着明显的重力异常现象。一般认为,这里由于是地壳隆起地带,物质充足,所以重力值应该大些。但实际上,这里的重力值并不高,这说明大洋中脊下面的物质密度较小。另外,由于地球内部的温度高于外部,因此,地球内部的热量经常不断地流向地表。按照常理,这种热量流出在陆地上和海洋底部应该没有差别,但实际上大洋中脊处的热流值却比陆地上的大好几倍。这些都说明,大洋中脊下面是一种炽热的轻物质。

那么，巨大的大洋中脊是怎样形成的呢？显然这与地壳的运动情况有密切的联系。根据海底扩张说,大洋中脊顶部应该是炽热的地幔岩浆物质的涌出口,上涌的熔岩冷凝后便成为新的洋底,推动并促使老的洋底向两边扩张。在扩张的过程中,大洋中脊也不断地延伸,于是形成了今天的规模。

到了 1968 年,在海底扩张说的基础上人们又提出了板块构造说。该学说认为,大洋中脊是板块扩张中心,在那里两个板块相互分离。如果板块扩张的速度较慢,从地下涌出的熔岩有足够的时间凝固堆积,则会形成海岭。按照这个学说的解释,海岭的存在之处应与各个板块的交界处相吻合。但从目前的板块划分情况看,二者显然有差别,这不能不说是该学说的自相矛盾之处。

总之,大洋中脊的发现,对于推动地壳运动理论的发展无疑产生了很大作用。至于它的真正成因,尚待科学家们的进一步探索。

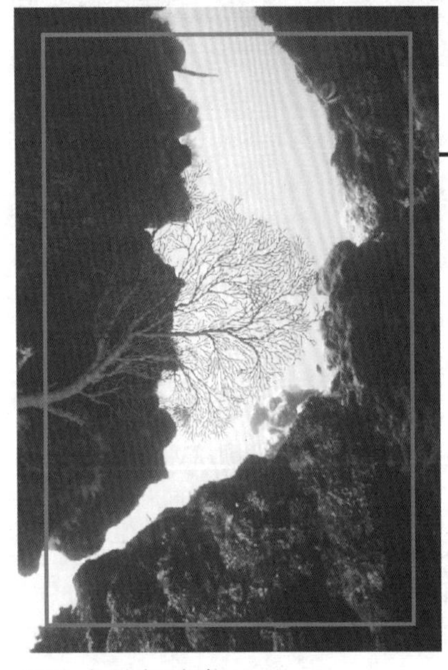

科学未解之谜

海底为什么会有巨大的峡谷?

如果你有机会到长江三峡旅游，一定会为其不凡的气势和奇异的景色而感叹。长江三峡可谓是陆地峡谷的一大壮观。但长江三峡的峡谷长度却是有限的,而其宏伟程度也并不是世界之最。世界上最宏伟的山谷是在海底。例如,巴哈马海底峡谷壁高 4400 米，白令海底峡谷长达 440 千米,而长江三峡两壁高度不过千米，全长也只有 204 千米。把它同上述两个大峡谷相比较,显然是小巫见大巫了。只可惜海底大峡谷深深地埋在洋底,人们无法去进行欣赏。

海底峡谷蜿蜒曲折,幽深莫测,还有支谷岔道。它往往起始于大洋边缘的大陆架或大陆坡上,一直延伸到几千米深的海底。那么,如此蔚为壮观的海底峡谷是怎样形成的呢?

科学家们最先认为海底峡谷是海面上的波浪造成的，但后来人们潜入海平面下发现,海平面上咆哮的海浪一般只能影响到几十米深的海底,而几百米深以下的深海底却不受风浪影响。也就是说,尽管海面上风起云涌,而海底却是一个平静祥和的世界。因而，海底峡谷的形成是与风浪没有什么关系的。

长江三峡

接下来对这个问题做出解释的是美国著名的海洋地质学家谢帕德，他在20世纪30年代就提出了河流侵蚀说。他以海底峡谷的形状与陆上的河流峡谷十分相似为依据，认为是河流的侵蚀作用造成了海底峡谷。但是,河水的密度要小于海水的密度,因此,河水入海只能漂浮于海水之上,根本产生不了侵蚀作用。对此,以日本学者星野为代表的河蚀说的拥护者们提出了解释，他们认为海平面一度比现今低数千米,即现今的海底峡谷所在处过去曾是陆地,河流蚀出的陆上峡谷因海面上升或地壳下沉，才淹没于大海底部成为海底峡谷。不过,现代地质学告诉我们,全球海面大起大落,幅度达数千米之巨,这是根本不可能的,因而这种学说无法得到人们的接受。

1885年,瑞士学者福勒尔发现,富含泥沙的罗纳河河水流入日内瓦湖之后,密度较大的浑浊河水潜入清澈的湖水之下,沿着湖底斜坡下流。后来有人把这种高密度水流称为浊流。美国学者德力从这篇文章中受到启发,推测宏伟的海底峡谷很可能就是由海底浊流开拓出来的。他认为,沿海底斜坡奔腾而下的浊流,会因为携带大量泥沙而具有强大的侵蚀能力。当时因为没有人观察到海底浊流的存在,所以人们对这种说法将信将疑。

大约在1946年前后,荷兰著名海洋地质学家奎年在水槽中做实验,他用人工方法把富含泥沙的浊水灌入水槽清水以下,果然出现了浊流。更为重要的是,他还发现了浊流具有相当强劲的冲刷泥沙能力。1952年,美国海洋学家希登研究了纽芬兰的海底电缆在不到一昼夜之间沿大陆坡向下依次折断的事件，判定这是由强大的海底浊流所造成的破坏。他还根据海底电缆所折断的间距和时间,推算出这股浊流的最高流速达28米/秒,即使到了水深6000米的深海平原上流速仍达4米/秒,这种高流速的浊流是导致海底峡谷形成的真正动力。

数十年来，科学家们又在海底峡谷的尽头发现了大量来自陆上和浅水地带的沙砾和生物残骸,它们在海底坡度较缓的地方沉积下来,逐年累月,形成了规模宏大的海底扇形地。这些现象都表明海底峡谷中应有强大的浊流通过。

针对这种浊流侵蚀说,有的学者提出,海底峡谷的规模太大了,光靠浊流很难切割出深达百米甚至千米的大峡谷,况且有的谷壁上还见到坚硬的岩石。于是有的学者又提出新的观点,如著名海洋地质学家、美籍华人许靖华博士认为,陆上河谷被淹后,不断受到海洋的侵蚀和改造,加之浊流的侵蚀和谷壁的滑塌,才形成了规模宏大的海底峡谷。这种观点也承认浊流的侵蚀作用,但认为它不是唯一的因素。

后来,又有许多科学家对海度峡谷的成因做了解释,有人认为,海底峡谷是由于地壳运动如地震等引起,加之海啸的侵蚀作用而成。但是,在没有海啸的地区也发现有海底峡谷,可见这种解释不能成立。

总之,对于海底峡谷的真正成因,目前科学家们仍处于争论之中。相信随着科学的发展,他们最终会取得一致的结论。

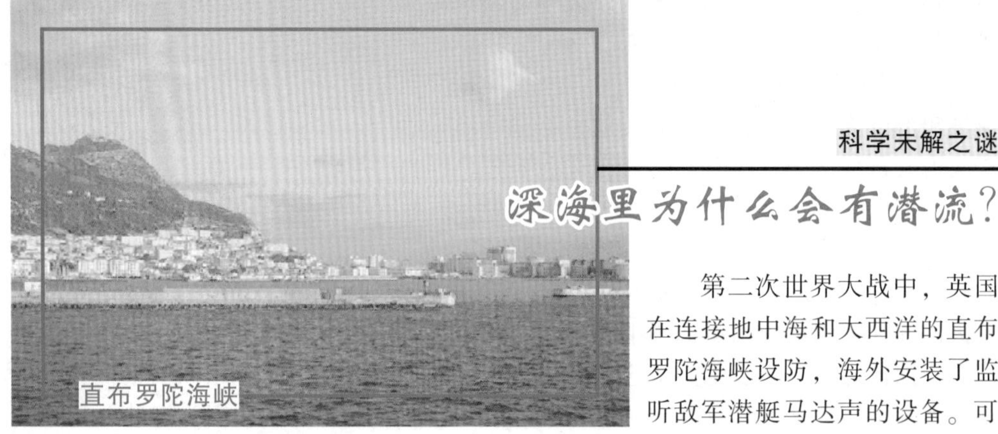
直布罗陀海峡

科学未解之谜

深海里为什么会有潜流?

第二次世界大战中,英国在连接地中海和大西洋的直布罗陀海峡设防,海外安装了监听敌军潜艇马达声的设备。可令人吃惊的是,德国和意大利的潜艇竟然能悄无声息地越过海峡,进入了地中海。难道是设备出了毛病?经过详细检查后,确认设备毫无问题。那么就只能有一个解释:敌人的潜艇是关闭了马达溜过海峡的。

我们都知道,关掉马达后,潜艇失去了动力,也就一动不能动了,可是它为什么还能进出海峡呢?后来,这个秘密才被揭开。原来,地中海含盐量大,约占3.9%,再加上天气炎热,水分大量蒸发,表层含盐度大的水就会下沉。而大西洋海水的含盐量约为3.5%,它就不断地向地中海表层补充过来,每秒钟流量达175万立方米。海面125米深度以下,地中海海面沉下来的海水变成了潜流,一刻不停地流向大西洋,敌人的潜艇就是利用这两种海流进出地中海的。

对于上面这种潜流,科学家是能够做出解释的,但是对于海洋深处那些巨大的潜流,他们却有些摸不着头脑。长期以来,科学家们一直都这样认为:越接近海面,海水的流速越快,进入到海面下几百米深处,不仅流势减弱,流速也会变缓,如果到了几千米深的地方,那就不会有什么洋流存在了。然而,不断发现的海中潜流,却对以上定论提出了挑战。

1950年,科学家在太平洋赤道位置下深100多米的水层中,发现了一股与海面流向相反的潜流。太平洋赤道区域海面的海水,是从东向西流动的,而这股宽达300千米的海底潜流却是从西向东流动的,中心流速可达每小时5.4千米。由于它恰好横跨太平洋赤道,所以被称为赤道潜流。

赤道潜流的长度,从西经92°到东经160°,长达6500海里。它一般都在海面下层浮动,但有时也会浮到海面上来。航行在东太平洋赤道附近的船只,时常有向东漂流的现象,这就是这股潜流升到海面上来流动造成的。

赤道潜流的秘密还没有揭开,1955年,海洋学家又在接近南美沿岸的海面下几千米水层中的陆坡附近,发现了一股流势惊人的潜流。这股潜流在南大西洋巴西和阿根廷海域,接近南美大陆,平均深度为1800~4000米,幅度很窄,从北向南流动。奇怪的是,在对面的非洲海域,却看不到任何潜流的迹象。

在这之后,在阿根廷海域附近的这一潜流下面,又发现了另一股流势更为强大的南极底层潜流,它以每秒300万吨的流量从南向北流动。在这样深的深海里,还存在着如此强大的潜流,确实出乎很多科学家的意料。

对于深海潜流科学家们已经积累了很多资料,但还没有彻底摸清它的底细,至于这种潜流是怎样形成的、世界上究竟有多少这样的深水潜流等疑问,科学家目前还无法做出准确的回答。

海中的河流和陆地上的河流一样,终年沿着比较固定的路线流动,最大的海流有几百千米宽,上万千米长。

信不信由你

海中的河流

20世纪初,美国旧金山的一家饭馆里有个童工叫约翰·沃伦斯。有一天,小约翰在海边捡到一个密封的瓶子,他好奇地打开来,发现里边有一张纸条,上边写着这样的话:“伦敦,1927年6月20日。我的遗嘱:将我的遗产平分给捡到这个瓶子的幸运者和我的保护人巴里·科辛。”

小约翰不敢相信这是真的,还以为是谁在开玩笑,但过后一打听,还确有其事。写遗嘱的是英国的一个富婆,她已经死了,但她的保护人巴里·科辛还活着,而且一直在寻找这份遗嘱。他哪里想得到,那个富婆死前把装有遗嘱的瓶子扔进了泰晤士河。

既然扔进了泰晤士河,这个瓶子怎么能漂洋过海来到美国呢?原来,泰晤士河流向大海，海中又有水流，将它从大西洋带进了太平洋，一直漂流到遥远的美国。

海中的河流学名叫海流，又叫洋流。陆地上的河流两边有岸，而海流却是在一望无际的大海中流动，一般不容易分辨出来，所以有人把它叫做“看不见的河流”。

泰晤士河

海流有暖流和寒流两种。在寒冬降临时，加拿大东部的大西洋沿岸一片冰天雪地，而此时的欧洲西北部，却是风和日丽，一片郁郁葱葱，海水也不结冰，形成了许多常年不冻港。这两处位于大西洋两岸，纬度完全一样，为什么气候会有这么大的差异呢？这就是暖流的威力。从加勒比海、墨西哥湾流向欧洲西北部，再到北冰洋，有一股强大的海流，它就是著名的墨西哥湾暖流，又称湾流。它的水温很高，饱含大量能量。当它到达欧洲西北部时，就会源源不断地把热量散发出来，因此欧洲西北部的冬天就变得很温暖。而加拿大东部得不到暖流释放的热量，所以就特别寒冷。

平顶海山的顶部为什么是平的？

陆地上有平顶山，海中也有平顶海山。

平顶海山在太平洋、大西洋和印度洋中都有存在。它们有的孤独地耸立于海底，有的成群出现。平顶海山的顶部为圆形或椭圆形，直径一般从几百米至二三十千米，顶部离海面最浅为400米，最深为2000米，平均1300米。美国海洋地质学家赫斯认为，平面海山就是沉没了的岛屿。但为什么它们的顶部这样平坦呢？赫斯当时无法做出解释来。

后来，科研人员从平顶海山的顶部打捞到了呈圆形的玄武岩块，这表明它们是火山弹的原有形态。因而，有些科学家认为，它们可能是一座座海底火山，顶部是火山口，被火山灰等物质填平了，所以呈现平顶。根据表面年龄测定，它们形成于距今1亿年至2500万年之间的火山大量喷发时期，这就给上述推论提供了一个依据。

20世纪50年代，有人从太平洋西南的凯盖—约翰平顶海山的顶部打捞到了六种造礁珊瑚、厚壳蛤以及层孔虫等生物化石，以后在太平洋中部又有类似的发现，这表明平顶海山的顶部过去有过珊瑚礁发育。造礁珊瑚要求生活在有光照的水体里，因而其生存的最大水深在50米左右，可见，曾经有一段时间，平顶海山顶部的水深不超过50米。由于此时的海山顶部离海面较近，风浪就有可能将其削平，并在其上发育造礁珊瑚。以后，海底山下沉，沉到水深400米以下的地方，所以平顶海山就残留着以前发育的造礁珊瑚和其他喜礁珊瑚。但美国学者德利提出，海底火山不一定发生过上升和下沉，而是在天气寒冷的冰川时期，海平面大幅度下降，使海底火山的顶部露出海面被风浪削去。但天气能否冷到使海平面下降几百米以至2000米，目前还没有找到可靠的证据。何况，有些平顶海山的顶部宽达40~50千米，说它是被风浪削平的似乎难以使人相信。

平顶海山的命名

太平洋的中部至西部，即夏威夷群岛、加罗林群岛、马绍尔群岛和斐济群岛一带的深海底，有一座座奇异的海山，它们的顶部好像是被截掉了一样，都是平平的，所以被称为“平顶海山”。20世纪40年代，美国海洋地质学家赫斯对这种现象进行了比较系统的研究。为纪念他的老师普林斯顿大学地质系教授罗尔德·盖奥特，他把平顶海山命名为“盖奥特”，并著文阐述了平顶海山的特征。

现代著名的海洋地质学家孟纳德认为，太平洋中的平顶海山都位于一片原来隆起的地壳上，他称之为“达尔文隆起”。这些隆起的许多海山，其顶部接近海面，就被风浪削平了，后来整个隆起下沉，便形成了今日的平顶海山。

由于深海调查资料比较缺乏，所以人们对深海中奇特的平顶海山的真面貌还了解不多，已经提出的各种说法还缺乏说服力，平顶海山的成因还有待于科学家们进一步研究。

线形火山岛是怎样形成的？

在北太平洋万顷波涛之中，散布着一串项链似的群岛。20余个大小不一的岛屿，自东南向西北方向，差不多呈直线排列，绵延上千千米，这就是有名的夏威夷群岛。夏威夷群岛主要由玄武岩组成，显然是火山喷发的产物。海底火山喷出大量岩浆，在海底慢慢堆积起来，终于露出海面，成为火山岛。人们不禁要问：这些线形火山岛为何排列得如此整齐呢？它们又是怎样形成的呢？

对于火山喷发活动，地质学家早有中心式喷发和裂隙式喷发两种学说。人们很容易联想到，岩浆沿海底大断裂溢出来，就可以沿断裂形成线形排列的火山岛。不过，测定夏威夷各岛火山岩喷发形成的年代，却发现西北端的火山岛年龄较老，如考爱岛形成于500万年前；向东南方向逐渐变得年轻，如瓦胡岛的年龄为250万年，莫洛凯岛为180万年，毛伊岛为130万年；最东南端的夏威夷岛更年轻，约形成于80万年前。一般来说，沿同一断裂出现的火山喷发活动在时间上应该是大致相同的。由此可见，上边那种说法显得有些牵强。

20世纪60年代，海底扩张说与板块构造说问世了。这一理论认为，海底一直在移动着，太平洋板块大约以每年数厘米的速度向西北方向漂移。加拿大著名学者威尔逊由此联想到，假如火山源位于岩石圈板块之下，并固定不动，那么当太平洋板块不停地向西北方向移动时，这个火山源就应当是由西北向东南方向移动。这就是著名的热点假说。夏威夷的基拉韦厄火山正是热点（火山源）所在。热点处的岩浆活动仿佛把岩石圈板块烧穿了，岩浆自海底喷出，就可以形成火山岛。先形成的火山岛随板块向西北方向移动，脱离热点，变成死火山。后面热点处岩浆喷溢又会形成新的火山岛，这样不断地"推陈出新"，就发育成由新到老的一串火山岛。

夏威夷岛上的冒纳罗亚火山高出海面达 4170 米，夏威夷周围海底深达五六千米，如此看来，冒纳罗亚火山实际上是一座从海底算起高约万米的山体。

实际上，夏威夷群岛西北侧还有线形排列的夏威夷海峡和天皇海岭，那里有一系列海底火山隐藏在碧波之中。经过深海钻探验证，这些海底火山的年龄进一步向西北方向变老，而且构成海底火山的岩石与构成夏威夷群岛的玄武岩完全一致。这样，热点假说就得到了许多学者的承认。

不过，也有一些科学家提出了不同的看法。他们认为，与夏威夷群岛类似的还有太平洋的莱恩群岛、土阿莫土群岛等，它们也呈线形分布，而它们的火山活动并没有出现向东南方向逐渐变新的现象，因而热点说是否正确还值得怀疑。由此看来，线形火山岛的形成问题，还不能说得到了最终解决，尚待进一步探索。

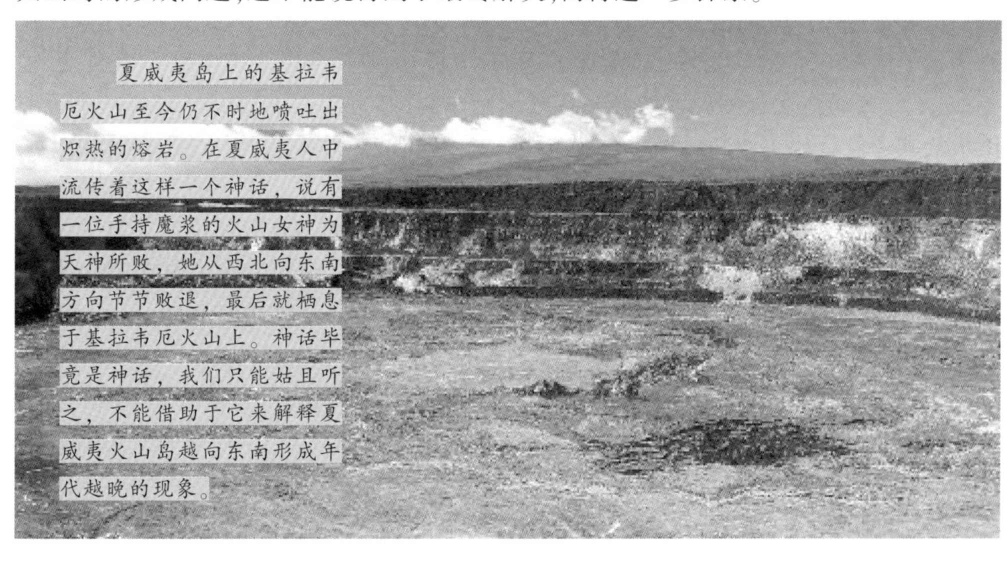

夏威夷岛上的基拉韦厄火山至今仍不时地喷吐出炽热的熔岩。在夏威夷人中流传着这样一个神话，说有一位手持魔浆的火山女神为天神所败，她从西北向东南方向节节败退，最后就栖息于基拉韦厄火山上。神话毕竟是神话，我们只能姑且听之，不能借助于它来解释夏威夷火山岛越向东南形成年代越晚的现象。

喜马拉雅山真的能超过万米吗?

世界最高峰——矗立于喜马拉雅山地区的珠穆朗玛峰,高度达到8844.43米。但许多地质学家在它的岩层中,却发现了珊瑚、三叶虫、鱼龙、海藻等多种古海洋动、植物的化石,因而他们推测现在的喜马拉雅山是在4000万年至5000万年以前,由于亚欧板块和印度板块之间的相互碰撞,而从古海中崛起的。

不仅如此,地质学家们还发现这样一个现象,即喜马拉雅山总是在以一定的速度增长。他们经过精密的测量,发现喜马拉雅山在第四纪的300万年中约上升了3000米,也就是说,平均1万年就上升10米。可最近1万年来,它却上升了500米,平均每年上升5厘米。而且,目前它还在继续上升,只不过这种上升的速度很慢,人们觉察不到罢了。

说到这里,也许有人会问,照这样上升下去,喜马拉雅山会不会超过1万米呢?这个问题不仅令一般人很感兴趣,许多地质工作者近年来也在一直加以研究,并提出了不同的意见。

一种观点认为,喜马拉雅山虽然目前仍在升高,但想超过万米,却是绝对不可能的。持这种观点的人对此还做了详细的解释。

从微观角度来看,岩石是由许多岩石分子构成的,因为这些岩石分子之间存在着电磁力,所以这些岩石分子才能以一定的结构排列,并彼此合作,构成了坚硬的岩石。但是岩石是有重量的。假如我们把一块块豆腐叠起来,刚叠了几块,最下边的那块豆腐准会变成豆腐泥。这是因为上面豆腐的重量超过了底下豆腐的承受能力而造成的结果。这种情况也完全可以用来解释山脉。可以把高山看作是泥土和岩石相叠而成的,如果不断地加码,那么下面的岩石所受到的来自上面的压力就会不断增大,而到了一定的极限后,下面的岩石就会粉碎,上面的岩石就会坍塌下来,所以高山上升到一定程度就会变矮。

从岩石分子之间的电磁力方面来分析,山越高,它自身的重量越大,破坏岩石分子之间的电磁力的能量也越大。科学家通过这方面的演算得知,地球上的高山极限约为 1 万米。所以地球上所有的山峰,都不可能超过 1 万米。

还有一种观点认为,既然喜马拉雅山自古以来都在不断地增长着,所以它以后也必定继续升高,因而超过 1 万米是完全有可能的。至于地质学家的计算及分析,虽有一定道理,但不能决定未来。

究竟喜马拉雅山能不能超过 1 万米大关,还是让未来告诉人们吧!

科学未解之谜

沙漠是气候“制造”的吗?

一提到沙漠,有人一定会想到干旱地裂,想到飞沙走石。的确,沙漠是地球上干旱地区的一种景观。这样就形成了一种似乎是顺理成章的观点:沙漠是由于干旱造成的。

持有这种观点的人的主要依据是, 目前世界上的大部分沙漠都集中在赤道南北纬 15°~35°之间,这部分地区气候干旱,因此就造成了茫茫无际的沙漠。事实的确如此,比如南亚的塔尔沙漠、澳大利亚的维多利亚大沙漠、北非的撒哈拉大沙漠、阿拉伯半岛的鲁卜哈里沙漠等等,都位于赤道南北纬 15°~35°之间。可是,但凭这一点就能证明是气候“制造”了沙漠吗? 这种干旱的气候与沙漠是不是一种很偶然的巧合呢?

在解答这个疑问之前, 我们需要把话题稍稍拉开一点儿。从 20 世纪 30 年代开始,就有人传说在撒哈拉大沙漠中发现了历史壁画。而在 50 年代,这种传说变成了现

实。法国的一位考古学者率领一支探险队，终于在撒哈拉大沙漠中发现了近600平方米的岩壁画。

这些壁画的内容丰富多彩，基本上反映了人们在当时的生活情景。据生态学家们分析，这些壁画的内容活生生地表现了撒哈拉大沙漠是如何由水草肥沃的牧场变为荒漠的。生态学家们还指出，大沙漠以前是猎人们的牧场，这一牧场分为四个时期，即猎羊人时期、牧牛人时期、牧马人时期、骆驼人时期。通过对壁画的具体分析，生态学家们认为，撒哈拉大沙漠并非天生如此。

同时，地质学家们对撒哈拉大沙漠做了更进一步的考察，结果找到了当年生长在这里的阔叶树种以及化石。生物学家还在沙漠的山谷中找到了碧绿葱翠的橄榄树。

这一切都似乎可以说明，撒哈拉大沙漠并不完全是由干旱的气候“制造”的，它原来是一片肥沃的大草原，后来，由于人们破坏了生态平衡，才使它逐渐变成了沙漠。所以，是人类制造了撒哈拉大沙漠，但干旱的气候提供了相当重要的条件。

但也有的科学家认为，沙漠与干旱的气候毫无关系，它完全是人类自己制造的。法国哲学家夏托·布赖恩曾说过这样一个预言：“野蛮时期是森林、草原，到了文明时期却成了沙漠。”

但这个观点刚一提出来，立即就遭到了很多持不同见解的科学家们的强烈反对。他们反问道：如果说沙漠和气候毫无关系，完全是人类自己造成的，那么在人类还没有出现在地球上之前，沙漠是如何产生出来的呢？他们认为，人类破坏生态平衡的行为，当然会使大草原变成大沙漠，但沙漠也是一种生态类型，这种生态类型在人类出现以前就已经存在了。

那么，到底是谁制造了沙漠呢？是人类，还是气候？还是二者共同制造了沙漠？目前仍无定论。

敦煌鸣沙山与宁夏中卫市沙坡头、内蒙古达拉特旗的响沙湾和新疆巴里坤哈萨克自治县境内的巴里坤鸣沙山合称我国四大鸣沙山。

敦煌鸣沙山

科学未解之谜

为什么有的地方沙子会"唱歌"?

世界上有会唱歌的沙子吗？有。我国很早以前就有过这方面的记载："河西(指黄河以西)沙角山峰峨危峻，逾于石山……人欲登峰，必步下入穴，却有鼓角之音震动人足。"

我国著名的气象学家竺可桢也曾对会唱歌的沙子做过描述："在宁夏回族自治区中卫市靠黄河处，有个名叫鸣沙山的地方，沙漠在此处已紧通黄河河岸，沙高约 100 米，沙坡面南坐北，中间呈凹形，有很多泉水涌出来。这种沙子是人们崇拜的偶像。因为有人说，每年的端午节，男男女女上到山上聚会，然后纷纷顺着山坡翻滚下来，这时沙子就会发生轰隆隆的巨响，好像打雷一样。两年前我和几个同志曾经照着这个方法试了一下，果然听到了一种隆隆之声，这种声音就好像远处汽车在行走一样。"

1961 年夏天，新华社记者从乌鲁木齐发回一篇通讯，叙述了他们在塔克拉玛干的奇异经历。有一天晚间，他们宿营在一个百米以上的沙丘顶上。突然，不知从哪里传来嗡嗡的声音，就好像有人在拨弄琴弦。仔细一听，原来是沙子下滑时发出来的。于是，他们便使劲踏动沙子，可是这时发出的就不是嗡嗡的"琴"声了，而是变成了轰轰隆隆的巨响，好像飞机在空中盘旋似的。

人们把这种能发声的沙子称为会"唱歌"的沙子，也有人称之为响沙、神沙、音乐沙、歌沙等。人们还发现，响沙鸣叫一般发生在炎热的刮风天。国外也发现了不少这样的沙丘，而且它们分布极广，但大多数见于沙漠、海滨或湖畔。

这些沙丘为什么能"唱歌"呢？科学家对此做出了种种解释。

有的人推测这是由于沙粒滑动时，它们之间的孔隙时大时小，经常变动，空气时而进入这些孔隙，时而又被挤出，因而就发出了嗡嗡声。

有的人则认为，这是由于沙丘下面存在着一个潮湿的沙土层，上面干燥的沙粒的振动传到潮湿层时，就会引起共鸣，发出声响。沙丘下面存在着潮湿层是有可能的，敦煌鸣沙山和中卫市鸣沙山的山脚下都有泉水涌出，就足以说明这一点。但是潮湿层能不能引起共鸣呢？这一点还不能肯定。

还有的科学家提出，有些沙漠表面的沙子细而干燥，含有大量的石英。被太阳晒热后，再受到风吹或人马走动的影响，沙粒彼此摩擦就会发出声响来。有的学者通过实验证明，那些涂有钙、镁化合物的薄层的沙粒，在摩擦时也会“唱歌”。

近年来，又有人对此做了更深入的解释，认为这种现象是由于石英晶体对压力非常敏感，受到挤压后就会产生电，而在电的作用下它又会伸缩振动，并发出声音来。

尽管有了这么多解释，但沙子“唱歌”的秘密还是没有被完全揭开。

为什么湖水也有涨退现象？

我们知道，海水常有潮汐现象，湖水大多水平如镜。奇就奇在，有的湖泊的湖水居然也有涨退现象。

位于广西阳朔县美女峰下的犀牛湖，就是一个涨退十分有规律的湖泊。它的出现也非常奇特。在犀牛湖未出现之前，这里本来是一片田地。1987 年 5 月 15 日，从美女峰下的地下溶洞里突然传出一阵隆隆声，随后喷出一米多高的水柱。一个星期左右，形成了一个水深两米、水面方圆 300 余亩的湖泊。此后无论天气怎样，湖水不涨也不消。但到了 9 月 25 日晚上，湖水开始消退，30 日晚上一夜间湖水一滴不剩，全都消退了。

据阳朔县志记载，犀牛湖水的这种突然涨退现象，历史上多次发生过，大致规律为每隔 30 年左右发生一次。这种奇异现象吸引了众多的人前去探秘，但目前对它还一无所知。

无独有偶，位于非洲的莫桑比克、马拉维和坦桑尼亚之间的马拉维湖也有涨退现象，但它的涨退和水位消长没有规律，具有很大的随意性。每天上午 9 点左右，湖水开始消退，直到水位下降 6 米多才停止；两个小时后，湖水继续消退，一直到出现浅滩才渐渐停息下来。四个小时后,湖水又升高到原来的水位。下午 7 点,水位又不断上升,两小时后才风平浪静。

马拉维湖水位涨退与犀牛湖不太一样,一是毫无规律可循,有时一天一次,有时几天一次,但每次都是上午 9 点左右开始,前后持续 12 个小时。二是它的湖水不是消退殆尽再复出,只是水位有变化而已,因此马拉维湖湖水的涨退现象更接近海水的潮汐现象,所以有人认为它们的原因也相同,即由于月亮和太阳的吸引力导致了水位涨落现象的出现。但这一观点很快就被推翻了,因为与马拉维湖相距很近的鲁夸湖和奇尔瓦湖也同受日月之光,为何没有这种怪现象呢?

于是人们又开始提出新的假设。法国地理学家雅克·施戈特尼斯推测说,马拉维湖下面可能还隐藏着一个地下湖泊,它与地面湖泊形成连环湖,由于某种自然因素的作用,湖水时而泻入地下,时而涌出地面。为了进一步证实这一推测,1987 年 8 月,意大利的一支地质考察队专门在马拉维湖的底层深处进行了广泛的勘察,调查结果却证明这种设想根本不能成立。

为了解开湖水涨退之谜,人类几乎是绞尽脑汁,但原因仍然搞不清楚,这方面的研究目前只得处于停滞状态。

太湖究竟是怎样形成的?

太湖是中国长江下游五大淡水湖之一,又以物产富饶、风光秀丽而闻名于世。这样一个闻名全世界的太湖究竟是怎样形成的呢?科学家们主要提出了三种观点。

第一种观点,也是最流行的观点,认为太湖是由古代的潟湖演变而来的。持这种观点的人认为,在 500 多年以前,长江口的镇江、扬州一带,以及钱塘江口都不在今天这个位置上,当时的太湖是夹在两江入口之间的一个大海湾。后来,由于长江和钱塘江挟带大量泥沙,在江底不断淤积,致使长江口和钱太湖地区主要是指它北面的长江三角洲和南面的钱塘江一带，这里自古以来就是中国的鱼米之乡。太湖湖面辽阔，横跨江苏和浙江两省，面积为 2400 平方千米，与欧洲的卢森堡差不多。

塘江口不断向东移动。慢慢地，夹在两江之间的海湾就被淤积的泥沙包围起来。开始时，还和大海相连，即为潟湖；后来完全与大海隔开，太湖便由此而诞生了。

第二种观点是前些年一些研究者提出来的。他们认为，太湖最初是一片平原上的洼地，后因积水成湖，形成时间在四五千年以前。他们说，如果太湖原是潟湖，那就不会有人类居住过的遗址，可是，在太湖当中的湖底，却发现了距今 6000~10000 年间古人类石器时代的遗址。另外，古书中的有关记载也从另一方面支持了这种意见。据北宋时的《吴中水利记》记载，北宋神宗八年(1075)大旱，湖干数里，在干涸的湖底上，竟然露出当年居民的坟墓、村庄的街道和一些早已腐烂了的树桩。至于太湖这片洼地的形成原因，他们认为与这里的地壳运动有关。太湖地区一直是一个地壳不断沉降的地带，由于地势低洼，从四面八方汇来的流水不能及时地排泄出去，自然就成了湖泊。

第三种观点是由一批年轻的地质工作者提出来的。他们认为，太湖是由于天外来客——陨石撞击形成的，或者说太湖是个陨石坑，主要依据有：其一，从太湖的外部轮廓看，它东北向内凹进，湖岸非常破碎；而西南部则向外凸出，湖岸非常整齐，大约像一个平滑的圆弧。与另外一些大陆上遗留下来的陨石坑外形相对照，十分相近。其二，太湖周围的岩层断裂方向有惊人的规律性，在太湖东北部断裂层多为张性的北西向断裂，西南部岩层断裂为放射状断裂。另外，还发现了不少古老岩层覆盖在年轻地层上的异常现象，地质学上称为“逆掩断层”。其三，太湖附近岩石有成分十分复杂的角砾岩，有的岩石在显微镜下，可以看到在冲击力作用下产生的变质现象。另外，在附近还找到不少宇宙尘和熔融玻璃。

根据上述证据，这些年轻的地质工作者推断：陨石是从东北方沿着与地面有一定夹角的方向俯冲下来，太湖西南部正好对着陨石正前方，冲击力量大，所以产生放射状断裂，东北部则受到拉张力的作用，形成与撞击方向垂直的张性断裂。由于陨石的巨大的冲击力，必然造成岩石破碎，形成成分混杂的角砾岩和岩石冲击的变质现象。至于宇宙岩和熔融玻璃的出现，则恰恰是陨石撞击的必然产物。

这些科学家还推断，这颗陨石十分巨大，它们造成的冲击力大约等于 2.16×1084 吨黄色炸药的能量，或者等于一万枚在日本广岛上空爆炸的原子弹的能量。至于陨石冲撞的时间，他们认为大约在 5000 万年前。

科学未解之谜

为什么南极地区的陨石特别多?

1912 年,澳大利亚的一支探险队,在距离磁南极西北不远处的威尔克斯地的冰雪中,发现了一块重约 1000 克的陨石。当时, 人们都以为这是一个偶然现象,并没有想到这里边会有什么奥秘。

大约半个世纪过后,人们在南极地区发现的陨石数量突然急剧增加。从 1969 年到 1976 年,日本探险队在南极大陆东毛德皇后地的大和山脉这片 200 多平方千米的范围内,竟然收集到约 1000 块陨石。1976 年以后,其他国家的探险队又在大和山脉、阿伦地区、维多利亚谷等地区,相继发现了大量陨石。到 20 世纪 80 年代末,人们在整个南极大陆上找到的陨石总数已达七八千块,尚未被发现的陨石还不知有多少。

在南极地区发现的陨石不仅数量多,而且比较集中,这是为什么呢?

科学家们发现, 南极陨石绝大多数都集中在日本昭和基地附近的大和山脉和其他高山周围,以及美国基地附近的阿仑丘陵附近。集聚在这些地方的陨石有着各种类型,这说明它们原先是分散在各地的。

有关专家在经过了认真研究之后, 认为这些陨石是随着冰层的缓慢流动而集中到一起的。南极大陆中间部分的冰层比较厚,越靠近海岸边冰层越薄。当冰层由高处向低处滑动时,就会使埋藏在冰层中间的陨石,一点点地向海岸地区靠近。在这个移动过程中,一遇到高山、丘陵地带,自然会就地停下来。

如果说南极陨石比较集中的问题已经得到了解释,那么剩下的问题就是,南极地区的陨石为什么这么多。一部分科学家认为,南极大陆就在地球的自转轴上,其地磁情况与别处不同,也许正是这个原因,使得从天而降的陨石大多落在这里。如果这种解释是正确的,那么,北极地区的地磁情况也与别处不同,而为什么在那里没有发现大量陨石呢?看来,问题并不那么简单,很有可能另有原因。

地球上为什么会出现冰期？

地球的发展经过了许多地质时期。在地球最近的地质时期——第四纪开始以后，地球上的气候逐渐进入了一个相对来说比较寒冷的时期，最冷的时候，亚洲北部、欧洲北部、北美洲北部以及整个北冰洋，几乎全覆盖在大冰层之下，大冰层最厚的地方超过2000~3000米。据科学家们估计，冰川面积最大的时候，整个地球大陆有30%的面积被冰川掩盖。即使现在，地球上的冰川的面积还有近1600平方千米，相当于冰川最盛时期的1/3左右。就地球长期的历史来看，在第四纪中，虽然其间有过多次比较暖和的时候，有时冰川规模比较小，但比较起来，第四纪仍旧是一个寒冷的时期。在地学上，一般把这段时期称为第四纪大冰期。类似的情况在地球上曾出现过两次。

那么，地球上为什么会出现冰期呢？围绕着这个问题，主要出现了以下几种解释。

有的科学家从天文因素来解释，认为地球上的气候变冷，是由于太阳系在宇宙空间所处的位置变化引起的。当太阳系通过宇宙间的寒冷部分时，或太阳系通过宇宙星云时，星云吸收了部分太阳辐射，地球上获得太阳辐射较少，地球上的温度大幅度下降，因而地球上就出现了冰期。

有的科学家从地球绕太阳运转的轨道的偏心率变化和地球自转轴对地球轨道的倾斜度的变化来解释。他们认为，地球轨道偏心率增大和地轴对轨道垂线的倾角增加，就可能产生冰期。

也有的科学家从地球两极位置的移动来加以解释。他们认为，在地球的历史中，两极的位置并不是固定不变的，而是在各个时期有所不同，因此，就产生了地球上气候的变化。

也有的科学家从大气物理现象来加以解释，认为在火山活动频繁的时期，大气中的二氧化碳增加，而二氧化碳是可以放热的。火山活动减少时，空气中的二氧化碳也减少了，地球上的气候不会变冷。而火山喷出的碎屑物，却有阻挡阳光、使气温降低的作用。

也有的科学家从地球上的构造运动来加以解释，认为地球上发生强烈的造山运动以后，形成了许多高山。由于许多地方高度增加，气温因而降低，出现了冰期。

究竟是什么原因造成地球发展过程中的冰川时期，上述各种观点正在互相争论。

现在，地球正处在第四纪大冰期之末，是一个比较温暖的时期。会不会再有一次比现在更为寒冷的时期来临呢？科学家们认为这种情况是有可能发生的。但科学家们又认为，即使发生这种情况，地球上也只有局部地区被冰雪覆盖，而到了那时候，人类的科学和生产力水平已高度发展，将有足够的力量应付这种局面。

科学未解之谜

地球会变暖还是会变冷？

地球未来的气候会怎么样？是越变越暖还是越变越冷？对此国内外科学家们一直争论不休。大多数人认为地球正在变暖，但也有不少科学家认为地球正在变冷。

持“变暖说”的科学家们认为，随着世界工业的飞速发展，人类盲目地砍伐森林，破坏环境，无休止地燃烧石油和煤，使大量二氧化碳进入大气中。当空气中存在大量二氧化碳时，它就会阻止热量从地表散发出去，这样热量就会积累起来，结果，二氧化碳就会像温室上的玻璃一样，使地球

持续升温，产生“温室效应”。目前，地球大气中已含有0.03%的二氧化碳，这已经比从前增加了15%。按这一速度计算，由二氧化碳增加而引发的温室效应，会使地球平均温度每100年升高1.1℃。这样下去，在几百年内地球上的所有冰川都会融解成水，南北两极的冰山也会开始融化，所有沿海城市都将会沉入海底，大片陆地将被淹没。

持“变暖说”的科学家还拿出了证据。气温上升的趋势已经首先在很多城市反映出来。根据1200多个气象观测站提供的数据，从1920年以来，美国很多大城市，如洛杉矶、纽约等，气温一直在上升。

据英国气象部门的统计，20世纪末，年平均气温升高的情况曾出现过六次，且都发生在80年代。1988年的全年平均气温比1949~1979年的平均气温升高0.34℃，而20世纪初年平均气温比前30年平均气温还低0.25℃。也就是说，在过去的90年中，全球年平均气温上升了0.59℃，地球明显变暖。有的科学家据此认为，下个世纪地球将没有冬天。

另外，英国气象学家测得南半球海洋及印度洋的水温一直在变暖，使这些海面上的冰帽不断融化。科学家在对过去100多年地球冰川的测试中，也证实了地球正在变暖，使陆上的冰河和极地的冰层有所融化，造成海洋水量增多，海平面上升。

持“变冷说”的科学家却不这么认为。大气中尘埃越来越多，这是事实。第二次世界大战以来，地球上火山爆发的次数已由平均每年16~18次增加到37~40次。从1880年到1970年，北半球人为烟尘也增加了三倍。2000年，北半球大气中的气溶胶粒子含量比1970年增加24%，这些悬浮在大气中的气溶胶粒子犹如地球的遮阳伞，它们能反射和吸收太阳的辐射，引起地面温度下降。这就是“阳伞效应”。

持“变冷说”的科学家也承认地球近年来越变越暖，但同时他们又指出，现在的气候正处于上次严寒后的温暖时期，而这种温暖很快就会被新的严寒所取代。根据20世纪40~60年代出现的气温下降趋势，他们认为地球又将进入一次新的“小冰期”。

针对气象观测部门提出的资料，有些科学家指出，这些数据97.5%是在城市或城市周围获得的，因而只能说明城市周围存在着人为的升温。而根据郊区和农村的气象观测资料，美国的科学家发现，65年来美国的平均气温下降了0.17℃。

美国宇航局的科学家通过卫星温度测量证明，地球平均温度从1979年到1988年并没有上升，甚至在下降。在这10年中，北半球的温度稍有增高，但南半球的温度却在降低。因而总的来说，地球是在变冷。

持“变冷说”的科学家还提出了以下理论根据:其一,地球变冷与地球自转的长时期偏差有关,它会引起气流和洋流的变异。另外,地球自转的加速会导致大陆积雪的不规则变动,这些都有可能引起气候变冷。有些科学家预言,地球气候将于21世纪进入“小冰期”,也就是寒冷期。

其二,地球变冷与气候变迁有关。在古气候的变迁历史上,往往是一段寒冷的气候之后就会出现转暖的趋势,或者在温暖气候之后会出现寒冷。例如我国在公元7~8世纪,西安一带曾种植过梅树和橘树,可见当时要比现在温暖得多,而在15世纪末到17世纪曾出现过严寒季节。现在,地球已处在温暖期的末尾,不久就将步入寒冷期。

其三,地球变冷与太阳黑子有关。一些学者认为,这几年太阳黑子数已经达到高峰,今后一段时间太阳黑子将不断减少,紧跟着的便是太阳辐射不断减弱,地球气温因此就要下降。虽然地球将来会变暖还是变冷至今无法定论,但可以肯定地说,最多在百年之后,人们就能看出地球将会怎样变化,那时候,“变暖说”和“变冷说”之争才会见分晓。

科学未解之谜

极地的冰层会不会消融?

1987年,南极地区一座面积为1878平方千米的冰山融化后冲入罗斯海,它马上改变了南极海岸线的边界,威尔士湾从此在地球上消失了。

这件事情的发生立刻引起了很多科学家的忧虑。关于地球气候未来变化的总趋势是会变暖还是会变冷,尽管科学界仍有争论,但近年来地球不断升温却是事实。按照这个事实,气候变暖就必然会引起极地冰层的融化。据科学家的预测,到21世纪中叶,全球平均温度将增加1.7~8℃。那时候由冰层融化而来的水会使海洋面积自然扩大,海平面将升高1~2米,世界上很多沿海城市和低洼地区都将被海水淹没。通过电脑计算,到2015年,仅埃及就有18%的良田将被海水所吞噬。

对于这种可能性,人们普遍感到情势紧迫,却很少有人对它有所怀疑。然而,一些科学家却提出了相反的意见。他们认为,尽管全球气候正在变暖,但南极的冰层仍在加厚,不存在海平面上升危及海岸低地的危险。

英国爱丁堡大学地理系教授萨格登和美国缅因大学地质学教授丹顿对南极东部进行考察后发现,在过去的3800万年中,南极周围地区的冰层一直在周期性加厚。这两位科学家认为,一定程度的升温会增加空气湿度,而南极周围地区十分寒冷,这样就会带来更多的降雪。因此南极周围的冰层不仅不会消融,反而会增加冰层的厚度。

据科学家计算,如果要想使极地冰层消融,气温需要在现有温度基础上升高17℃。然而根据气候研究人员向联合国提交的报告,温室效应每10年只会使大气层升温0.3℃。

由此可见,即使地球气温升高能持续上百年,也不会造成冰层的融化。不过,如果地球的气温上升到一定程度后,北极的冰层就有可能保不住了。北极的冰山比南极少1/14倍,而且它的周围被广大干冷的陆地所包围,得不到充足的水汽,因而降雪较少。一旦气温升高,这里的冰层就不会像南极那样经常得到降雪的支持,于是就可能开始消融。有人甚至这样预测,北极将会出现一望无际的待开垦的处女地,加拿大的部分地区和俄罗斯的西伯利亚将会成为地球上最肥沃的农田。

持这种观点的科学家大有人在。极地勘察者和飞行家科洛耐尔·勃思特·鲍肯认为,北冰洋上的冰层已经开始变薄,其附近的海域将在几十年后成为开放的海域。

俄罗斯和美国的一些学者都比较同意鲍肯的见解。他们指出,北冰洋和南极的冰层有很大的区别,在北冰洋,冰层很薄,覆盖在深海之上,这种冰层是很脆弱的,正常的太阳热能的增长或大气透明度的变化以及“温室效应”的加剧,都会引起冰层的变化。

许多科学家经过考察得知,在北冰洋,尽管每年融化的冰不多,但有1/4的冰层是在夏季融化。这是因为,海湾暖流从大西洋流入,从而在水面以下152米处形成了一层大约有762米厚的暖流层。而且,在夏天,北极地区阳光昼夜不断,这个时期接受的光照比赤道还要多。

美国一位大学教授认为,如果北冰洋的冰层消失了,那么在冬季也将不会再结冰,这是一种很正常的现象。他还认为,北冰洋现存的冰层年龄有100万年,而在此之前的7000万年中,北冰洋上面就没有冰。因此有人这样猜测:在大西洋两岸会出现持续结冰的现象，仿佛是代表了原来的北冰洋，这也显示了一种海洋冰层的周期性变化。

鲍肯等人发出的警告已经引起了美国海军的注意，他们聘请了华盛顿大学的诺勃特·安德斯蒂尔博士对北冰洋的冰层变化进行调查。然而安德斯蒂尔博士却这样认为：从根本上说，不仅北冰洋的气候正在变冷，而且所谓的冰层漂移的证据以及冰层变薄的说法都不能令人信服。安德斯蒂尔博士的意见也得到了一些科学家的支持。他们认为，在上一个世纪中，北冰洋的水面一直在逐渐减少和收缩，这说明北冰洋的冰层在不断增厚。

那么，极地的冰层究竟会不会消融呢？看来，这个问题只有明天才能得出答案。

科学未解之谜

极地上空为什么会出现臭氧洞？

在离地球表面 10~15 千米上空的同温层中有一层气体，叫臭氧层。臭氧分子是由三个氧原子组成的，其化学式是 O_3。臭氧层能吸收太阳射来的 99%以上的紫外线，是地球上人类和其他生物的“保护伞”。

但是，这把地球上空的巨大“保护伞”已经遭到了破坏。参加南极考察的科学家们早就发现，在南极上空的臭氧层中出现了个“大洞”。根据“雨云”7 号极轨气象卫星探测，这个大洞位于南极极点附近，呈椭圆形，其面积相当于美国的总面积，其深度超过世界最高峰珠穆朗玛峰。无独有偶，后来科学家们又在北极上空发现了一个 19~24 千米深的小臭氧洞。还有的科学家指出，整个地球上空的臭氧层都有变薄的趋势。

为什么大气中会出现臭氧洞呢？为什么臭氧洞会出现在极地上空呢？对此科学家们提出了很多种解释。

一种观点认为，这是太阳活动的结果。臭氧的总量跟太阳黑子的活动一样，也有比较明显的 11 年变化周期，臭氧的总量变化和太阳黑子数之间，存在着十分明显的统计关系。而南北极地区又是臭氧对太阳活动的响应最敏感的地区，随着太阳紫外线辐射和高能带电粒子流的增加，大气中氮氧化合物的含量增加，这样就会通过光化学反应，破坏极地上空的臭氧层。

但是，多数科学家坚持认为，极地上空的臭氧洞不是天造的，而是人“戳”的。随着如果极地上空的臭氧洞真的与氟利昂等冷冻剂的使用有关，人们就不能视而不见，置之不理。1989年3月初，世界上123个国家的政府官员和科学家云集伦敦，召开了“保护大气臭氧层”专题国际会议。会议呼吁全世界人民立即行动起来，停止使用氟利昂等冷冻剂，早日补上极地上空的臭氧洞。许多厂家积极响应这一呼吁，积极研制不使用氟利昂的新型电冰箱。

现代工业的发展，特别是冷冻设备和家用电冰箱的不断增多，氟利昂冷冻剂普遍使用，向大气中排放了大量的氯氟烃等污染物质。这种物质不像其他化学物质那样能在低空分解，而是飘浮在同温层，与紫外线作用产生出游移的氯原子。氯原子夺去了臭氧中的一个氧原子(一个氯原子能破坏10万个臭氧分子)，就使臭氧变成了纯氧 O_2，从而丧失了吸收紫外线的能力。而极地特别的气象条件，对这样的光化学反应十分有利，因而就首先在极地上空出现臭氧洞。

不过，也有不少科学家认为，臭氧洞的出现与氟利昂的使用没有丝毫关系。早在20世纪70年代，美国就曾为氟利昂能否导致臭氧层变薄展开了多次争论，但最后也没有得出一致意见。有人指出臭氧洞之所以出现在极地，是由于那里的低温造成的。在极地的极夜里，热量输送效能很低，极地上空异常低温。而当极夜结束，太阳重新跃出地平线时，大气层被加热，于是产生了气流上升运动，把低层臭氧含量较低的大气带入平流层，替代了原来平流层中臭氧含量较高的大气。这样，整层的臭氧总量就会明显减少。另外，亚马孙地区不断发生森林大火，也有可能是造成极地上空出现臭氧洞的一个原因。

还有人认为，极地上空出现臭氧洞，与大气环流有密切关系。他们发现，南极臭氧层的形状与南极平流层的环形涡旋十分相似，而且南极平流层温度与臭氧变化规律也完全相同。每年春季时，南极地区的臭氧总量会出现一个最低值，而臭氧洞的闭合也与环流涡旋崩溃密切相关。这些都可以说明，南极以及北极臭氧洞的形成是一种自然现象，主要是由于大气环流变化造成的。

臭氧洞的出现肯定对人类没有好处，如果继续发展下去，很可能会带来巨大的灾难，但目前迫切需要的是把它的原因搞清楚。如果是人为因素造成的，那就必须让人类加强约束自己；如果是一种自然现象，人们就有必要拿出积极的对策来。

科学未解之谜

“厄尔尼诺”现象形成的原因是什么?

“厄尔尼诺”现象发源于热带太平洋。平时,由于东向信风的吹送作用,使海水由东向西流,海水的堆积,使靠近亚洲热带的西太平洋洋面,比靠近南美的热带东太平洋洋面高出许多。可是太平洋上的信风并不是每年都这样强劲,有的年份信风减弱,偏西风增强,这就造成在西太平洋大量堆积的高温表层水沿着赤道方向输送,这样,赤道西太平洋洋面高度就会随之降低,于是,“厄尔尼诺”现象就发生了。

“厄尔尼诺”现象发生时,太平洋暖流的回流使南美沿岸水流温度突然升高,一贯生活在这里的已经适应了冷水环境的浮游生物和鱼类,因为适应不了突然出现的暖流而大量死亡,致使世界著名的秘鲁渔场的鳀鱼产量大幅度下降。与此同时,以鱼为食的海鸟也因缺少食物而大批死亡。

“厄尔尼诺”现象的发生不仅对局部区域产生危害,而且对全球大范围的气候也会产生影响,使一些地区出现干旱、洪涝和虫灾。1982 年至 1983 年发生的破纪录的强“厄尔尼诺”现象,使往年十分干燥的南美洲的西部沿海、平原,降雨量增加了 10~15 倍,造成洪水泛滥,就连美国的西海岸也大受其害,洛杉矶市的年降雨量比往年增加三倍,而且出现了一天遭两次龙卷风袭击的罕见的自然现象。在澳大利亚东部地带,却遭受了 200 年从未见过的大旱。据不完全统计,由于受“厄尔尼诺”影响,仅 1982 年一年,全世界就有 1000 多人死亡,经济损失达 80 亿美元。澳大利亚共损失了 30 亿美元,捕鱼王国秘鲁的捕鱼量骤减,而中国则出现了南旱北涝的气候,粮食减产了几十

科学已揭之秘

发现"厄尔尼诺"

"厄尔尼诺"在西班牙语中是"圣婴"的意思。18 世纪初，秘鲁和厄瓜多尔的渔民首先发现了这样一种现象：每隔数年，他们从海中捕捞到的鳀鱼的产量就会锐减一次，而且锐减的时间多在圣诞节前后，也就是在每年的 12 月至次年的 2 月之间。他们把这种现象叫"厄尔尼诺"，以此表示对耶稣的敬意，好让上帝保佑他们。

亿千克。就连远离太平洋的非洲和欧洲，也不同程度地受到它的冲击。

海洋学家和气象学家已经查明了"厄尔尼诺"现象的发生规律，它平均五年左右发生一次，发生的时间少则几个月，多则两年。相对于这种现象的发生机制，科学家们还一直拿不出成形的理论。在这方面，我国天文学家郑大伟等人提出的解释得到了很多科学家的支持。他们认为，"厄尔尼诺"现象与地球自转速度减慢有关。在应用计算机对几十年来天文、大气和海洋变化的各种观测资料和数据进行处理后，他们发现地球自转的变化与东太平洋赤道带海面水温的变化存在着一致性。当海温增暖时，即"厄尔尼诺"现象形成时期，地球自转速率加快。根据这个规律，郑大伟等人准确地预报了 1990~1991 年间达到盛期的"厄尔尼诺"现象。

不过，"厄尔尼诺"的形成原因都还没有得到为学术界所公认的科学解释。各个学科的很多科学家还在积极进行研究，以摸清其发生机制以及与全球气候变化的关系。

科学已揭之秘

"拉尼娜"现象

『拉尼娜』现象正好与『厄尔尼诺』相反。在西班牙语中，『拉尼娜』是『女婴』的意思。在『拉尼娜』期间，盛行于热带太平洋上的信风极为强盛，驱使高温表层水向西流动，使东部暴露出来的冷水上升到表层。『拉尼娜』现象也对全球气候有一定影响。

海上落日时为什么会出现奇特的彩虹?

1954年4月12日,一艘美国商船"阿加克斯号"由旧金山向马尼拉驶去。那天天气晴朗,万里无云。但是,当太阳西下时,西方天空上却突然出现了一条美丽的彩虹,十分引人注目。这条弧形虹带不同寻常,它呈鲜艳的绿色,被三条红色弧带所包围,景象格外奇特,不要说船员们从未见过,就连航海经验丰富的老船长也惊奇不已。

这条奇特的彩虹持续了约三分钟,随后慢慢消失,与此同时,天空上出现奇妙的闪光,就好像隐隐出现的灯光一样。

天空中出现彩虹本来是司空见惯的事,这次见到的尽管有点儿不同寻常,终究还是彩虹,只不过色彩艳丽一点儿罢了,不值得大惊小怪。但气象知识丰富的人却不这样认为,日落时天空西部出现彩虹,一般是由于平流层中有珠母云出现时产生的现象。珠母云层中的彩虹色泽鲜艳,持续可长达两小时之久。但是,"阿加克斯号"观测到的日落彩虹,是在没有云层情况下出现的。况且,到目前为止,珠母云层只限于欧洲西北部以及斯堪的那维亚地区,而"阿加克斯号"当时的船位是北纬15°59′,东经135°38′,距上述两个地区相当遥远,怎么会出现珠母云层所产生的特殊现象呢?显然,这是有待进一步探索的问题。

实际上,海上航船遇到奇特的彩虹的事情,在其他海域也有报告。1958年8月22日黄昏,天空中下着大雨,在南纬14°36′的莫桑比克海峡,"大不列颠号"商船船长波特

勒和二副索达发现，在方位角100°的地方，出现了一条不太清楚的彩虹，弧顶点的正下方，出现一个似乎聚集得颇为紧密的光团，放射出彩色的光谱，其中黄色尤为显著。一般来说，雨后彩虹呈弧形，色带分布很有规律，但他们见到的这条彩虹，是正在下雨时出现的，而且颜色也与平时见到的彩虹不大一样，显然是一种不寻常的现象。正当他们看得出神时，弧带渐渐消失，光团渐渐升高，而且不断扩大，再次转变成一条弧带。但与前一条弧带相比，色泽深度大为减弱，各种颜色的浓度变得差不多相等。这种现象持续了12分钟之久。当时海上的气温为24℃，海温为25℃，东南风三级，能见度良好。

返航后，这两位观察者向有关专家求教，后来又把上述情况写成文章，登在《海洋观察家》杂志上，但至今仍未得到满意的解释。

一般人认为，由于海上水汽充沛，空气中不仅有水粒，而且还有大量盐粒。大量水粒和盐粒对太阳光的反射、折射、散射、吸收等情况，肯定要比陆地上复杂得多，因此，在海洋上空就会出现不明原因的彩虹或与陆上大不相同的彩虹。但由于科学家对这个问题研究得不够，所以许多奇特的海上彩虹目前还找不到成因。

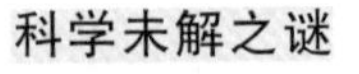

微风暴是怎样形成的？

1982年初夏的一天，一架泛美航空公司的客机挟着震耳欲聋的轰鸣声离开美国的新奥尔良国际机场，渐渐升空。突然，飞机剧烈颠簸起来，接着急速往下坠落，随着一声爆炸发出的巨响，153名机组人员和乘客全部丧生。

美国国家运输局迅速组织

专家对这起震惊世界的空难惨剧展开调查，却找不出原因来，只是发现当时有一股神秘的力量左右了飞机，使训练有素的驾驶员难于应付。据1964年以来的资料记载，这股神秘的力量已在全美各机场肇事30多次，酿成了许多机毁人亡的恶性事故。

几年后，气象学家使“案情”真相大白。他们经过现场实验确证，造成这些空难事故的罪魁祸首是一种人们尚陌生的气象现象——微风暴。

微风暴又叫小暴风，它是规模极小的垂直下降气流，持续时间平均只有10~20分钟，影响区域直径大的不过3000~4000米，小的只有几百米。

微风暴虽然如此微不足道，但在它的区域里风向和风速却极其复杂。当微风暴从上而下接近地面时，就像水龙头喷出的水一样，气流呈水平辐射状扩散，形成了冲向四面八方的水平风。在微风暴中心两端，风的方向会截然相反，风速可从12米/秒至25米/秒反复突变。气象学家把这种风向与风速的骤变称为“风力切变”。

微风暴玩的这种把戏，对地面建筑物不会有什么损害，但对正在起飞或降落的飞机，却是可怕的威胁。飞机闯进微风暴的陷阱中后，强大的顶头风会把机身抬起，驾驶员不得不大幅度降低发动机功率以维持机身平稳。可是一通过微风暴中心，逆风马上变为顺风，巨大的升力不复存在，驾驶员这时才想起采取措施，却为时已晚，失速的飞机立刻下坠。

微风暴的形成原因目前还没有完全弄清楚。大多数专家认为，它是由雨滴的蒸发造成的。当雨滴进行蒸发时，一部分空气会因此变冷变重下落，这样就会产生下冲气流。由于雨滴蒸发现象不易观察，所以气象部门很难对微风暴进行预测，一般的测风系统对它也无法及时察觉。但是，人们对它也并非无能为力，科学家运用多普勒雷达就能检测这种怪风。只是由于微风暴速度变化急剧，因此这种方法难以推广。至于在飞机上安装多普勒雷达系统，现在还只能是一种设想。

图书在版编目(CIP)数据

科学家也许是错的:人类科学史上等待回答的未解之谜. B卷/李敏主编. —2版. —大连:大连出版社,2012.8(2019.5重印)
ISBN 978-7-5505-0358-8

Ⅰ.①科… Ⅱ.①李… Ⅲ.①科学知识—青年读物 ②科学知识—少年读物 ③宇宙—青年读物 ④宇宙—少年读物 Ⅳ.①Z228.1 ②P159-49

中国版本图书馆CIP数据核字(2012)第196145号

出 版 人:刘明辉
责任编辑:李玉芝
封面设计:林 洋
版式设计:英 伦
责任校对:侯娟娟
责任印制:徐丽红

出版发行者:大连出版社
地址:大连市高新园区亿阳路6号三丰大厦A座18层
邮编:116023
电话:0411-83621075
传真:0411-83610391
网址:http://www.dlmpm.com
印 刷 者:保定市铭泰达印刷有限公司
经 销 者:各地新华书店

幅面尺寸:180mm×230mm
印 张:12
字 数:277千字
出版时间:2008年6月第1版
2012年8月第2版
印刷时间:2019年5月第23次印刷
书 号:ISBN 978-7-5505-0358-8
定 价:22.80元
